物种入侵

冉浩 著

INVASIVE
ALIEN
SPECIES

中信出版集团 | 北京

图书在版编目（CIP）数据

物种入侵 / 冉浩著 . -- 北京：中信出版社，2023.4（2023.11 重印）
ISBN 978-7-5217-5096-6

I. ①物… II. ①冉… III. ①生物－侵入种－基本知识－中国 IV. ① Q16

中国版本图书馆 CIP 数据核字（2022）第 251903 号

物种入侵
著者： 冉浩
出版发行：中信出版集团股份有限公司
（北京市朝阳区东三环北路 27 号嘉铭中心 邮编 100020）
承印者： 北京联兴盛业印刷股份有限公司

开本：880mm × 1230mm 1/32 印张：9 字数：184 千字
版次：2023 年 4 月第 1 版 印次：2023 年 11 月第 2 次印刷
书号：ISBN 978-7-5217-5096-6
定价：69.00 元

服务热线：400–600–8099
投稿邮箱：author@citicpub.com

谨以此书向我国所有奋斗在环境保护和生物多样性保护战线上的人致敬，并向所有努力为我们实现美好生活的人致敬。

目录

　　我关注生物入侵现象已经很久了。差不多15年前，我和某大媒体的节目组一起做科普节目，其间我私下里问其中一位编导，有没有兴趣做一些关于外来入侵物种的节目。这位编导直摇头，告诉我节目组不会碰这类题材，怕引起恐慌。我的脑子里不合时宜地蹦出来一个词——讳疾忌医。恐慌的源头是未知，做科学传播，不就是要消弭公众的未知吗？如果我们遇到题材就绕着走，每次都讳莫如深，那才是为恐慌蓄力，也是科普工作的缺位吧？遇到问题不是想办法去解决，而是总想着隐藏问题、坐看事态发展，这才是大问题。

　　公众会因为知道了某个外来入侵物种而感到恐慌吗？我想，多数情况下是不会的——只要大家意识到，其实我们经常会遇到它们，甚至我们身边就有很多顶级的外来入侵物种，我们对这些物种其实都相当熟悉。比如餐盘里的罗非鱼、小龙虾，鱼缸里的水葫芦、巴西龟，花瓶里的富贵竹或幸福草，如果它们散逸到野外，都是一等一的外来入侵物种。这些物种的名字响彻世界，给很多地方带来了生态灾难。但是，当我们面对一盘茄汁罗非鱼时会感到恐慌吗？哪怕知道了它在野外是入侵物种，我们说不定仍会大咽口水。

　　事实上，多数外来入侵物种并不会对每个人的生活造成多大的直接影响。哪怕是如红火蚁这般有可能造成直接伤害的物种，身处疫区的多数民众也不常被叮咬，会产生严重过敏反应的只是极少数人（对于当事者而言，那就是另一回事了）。现在的问题是，相当多的人并不知道我们正与很多入侵物种共同生活。我最关注也最熟悉的类群是蚂蚁。我在很多城市的街道上观察过蚂蚁。在一些城市的街道上有很多蚂蚁，但它们几乎都是外来入侵物种，如黑头酸臭蚁、长角立毛蚁等，本土蚂蚁几乎找不到，甚至连外来蚂蚁都可能已经换了好几茬儿了。然而，行色匆匆的人们对此视若无睹。谁会在乎那些满地爬的小虫子呢？没人知道这些蚂蚁是外来入侵物种，更不用说去思考它们给生态环境带来的影响了。这只是一个小小的缩影。大概从学生时代开始，我们每个人都会慢慢变得忙碌起来，以至于常常忽视了周围环境的变化。

然而，改变正在发生。但需要拉开一定的时间尺度，我们才会骤然惊醒。就如戴夫·古尔森（Dave Goulson）在《寻蜂记》中所言，哪怕"在那些未被破坏的栖息地上，现在也可能只是以前繁荣景象的余晖"，我们已经"永远无法得知 18 世纪和 19 世纪的博物学家穿行的田野是怎样的情形"。伴随着人类活动，当代生物多样性正在持续衰减，而外来入侵物种正是其中重要的推动力量之一，它们的名录变得越来越厚。情况正在持续变糟，我们生活的地球生物圈正在变得越来越脆弱、越来越单一。这些变化因人而起，并最终会不同程度地反馈到我们每个人身上。我觉得，至少应该让更多人了解现在正在发生的事情，我们才有可能做出应对。正是因为如此，我才下定决心写这样一本书。我很感谢中信出版社的支持，让我可以实现这个想法。

基于上述想法，本书更偏重于记述现象，我也把我个人的所见、思考乃至研究成果等一并糅入其中，你若将其视为一本自然博物纪实书，也无不可。本书基于我国国情，每一章从一种或一类重要外来入侵物种切入，探讨一个典型问题，全部章节加在一起，共同构建起知识体系。当然，由于我个人能力所限，尽管已经相当努力，但错误和疏漏仍在所难免，希望读者朋友能够不吝指正，我会虚心听取意见，认真改正问题。你可以通过微博给我私信留言，也可以发送电子邮件给我（ranh@vip.163.com），任何善意的反馈都会让我非常开心。

本书的出版，除了要感谢出版社的工作人员的辛勤劳动，还有很多朋友也给予了很大支持。我要感谢（音序排列）陈志林、陈之旸、椿小姬（网名）、高琼华、顾立友、郭雅彬、惠俊博、金琛、刘彦鸣、刘壮壮、罗兵、宋骞、王鹏、邢立达、许益镌、张劲硕、赵致真、周凯等所有给予本书支持和帮助的朋友，没有他们的付出，本书就无法达到现在的程度。本书中的配图，我自己和朋友绘制或拍摄了一部分，另一部分则来自知识共享许可协议（CC），这些都在图注中进行了来源标注。此外，还有相当一部分来自图虫创意图库的商业授权，在此向所有这些图片作者一并表示感谢。

最后，希望本书能让你有所收获，那是我非常期待的事情。祝生活和工作顺利。

舟浩

2022 年 1 月

第 1 章

红色小恶魔

▶ ▶ 草地上的红火蚁巢

图片来源：刘彦鸣 摄

涌出的蚁群

2016 年年末，我到访桂林的广西师范大学，此时的北方已然冰天雪地，但那里仍然到处是绿色。陈志林博士接待了我，他是我的师弟，也是一位非常出色的蚁学家，以蚂蚁的形态学和分类学研究见长。行程期间，我们去了一趟七星岩景区，著名的骆驼山就在那里。在山脚下的一棵盆栽树木旁，我们停下了脚步。

"师兄，这里有一窝蚂蚁，应该是红火蚁（*Solenopsis invicta*）。"志林指着花盆说道。

果然，在花盆中隆起了一个小小的土堆，环绕着小树的基部。

还没等我说话，志林就大咧咧地一脚踩了上去。他刚抬起脚，就只见一片红色从土堆里涌了出来，布满了整个表面。这些小蚂蚁抬起头、扬起触角，桀骜不驯地探查着周围的环境。

你可千万不要模仿这个操作！这一脚看似简单，却有不少与蚂蚁打交道的经验在里面，需要拿捏时间、角度和尺度。巢里的蚂蚁涌出来得非常快，很容易就会顺着你的鞋子爬到你的身上。然后，你将迎

▶ ▶ 隐藏在盆栽中的红火蚁巢（左）和巢穴被陈志林博士破坏后涌出的红火蚁（右）

　　图片来源：本书作者　摄

▶ ▶ 在巢穴被惊扰后，红火蚁会布满巢穴表面

　　图片来源：刘彦鸣　摄

接数十只乃至更多蚂蚁的疯狂叮咬。这些叮咬不仅很疼，而且如果你是过敏体质，还可能带来更大的麻烦。

一些报道足以说明问题的严重性。

2018年《钱江晚报》曾报道，夏末在杭州一公园中，一位女士被一只红火蚁叮咬，在很短的时间内就因为过敏而感觉"胸闷气短，要晕了"。之后，她被送往医院。无独有偶，同年同月，《东莞日报》报道了另一位患者被红火蚁叮咬后也出现了明显的全身症状，如全身瘙痒、头晕胸闷、血压低、呼吸急促等，幸好送医及时，经医院按照过敏性休克的急救措施进行抢救，症状得以缓解。

显然，这些报道所描述的情况超出了多数人对蚂蚁的认知。那些看起来毫不起眼的小家伙，几时变得如此厉害了？

答案是，至少从2004年开始。

这一年，华南农业大学曾玲教授的团队首次在我国广东吴川确认了这种红色的小蚂蚁的存在。而更早一点儿，我国台湾地区也报道了这种蚂蚁，到2004年，台湾已出现了因红火蚁叮咬而引发的死亡案例。

正在搬运蚁蛹的红火蚁工蚁
图片来源：刘彦鸣　摄

事实上，我们毫不怀疑它们已经在这里生活了更久的时间。以曾老师等人在吴川调查的情况为例，虽然是在我国的首次报道，但彼时吴川的红火蚁种群已成规模。在情况严重的几个村庄，它们入侵农田和住宅，对人们的生产和生活造成了比较大的影响。在这些地方，被调查的农民身上往往会有红火蚁叮咬的伤疤。而在某辖区约 6 000 人中，有 4 000 多人曾被红火蚁叮咬，严重受伤就医的就达 200 余人。可见其已经形成规模。此次调查还报道了竹城村一块 200 平方米的典型菜地，周围田埂上竟有明显的蚁丘 30 个，菜田里也有 10 多个蚁巢，密度着实不小。而 2004 年的台湾地区情况也相当严重，有 24 个乡镇 49 所学校报道了红火蚁疫情。

2008 年，陆永跃教授等人的研究模型推测，红火蚁很可能已经在中国大陆潜伏了 16 年之久，最初的入侵地很可能在深圳——我国最重要的外贸口岸之一，推断时间是 1995 年 4 月。是的，红火蚁本不产于我国，并且它们早已名声在外。

从南美到中国

红火蚁的原产地在南美，而我们本土的火蚁类（Solenopsis，火蚁属）都是一些极小型的蚂蚁，基本上不会造成什么危害。

在传入我国之前，红火蚁已经在北美造成了很大的麻烦。

红火蚁很可能是在 1918 年前后传入北美亚拉巴马的莫比尔（Mobile）的，甚至很可能同时还传入了它的另一个亲戚——黑火蚁（Solenopsis ricbteri）。红火蚁来源于南美的巴拉圭河流域，黑火蚁则来源于阿根廷或巴西。两种蚂蚁都具有强力的毒液，并且可以进行杂交。

10 多年后，也就是 1929 年，这些火蚁才首次被采集到，并在

1930 年被报道，被定名为"残暴火蚁"（*Solenopsis saevissima*）。由于北美本来就是火蚁类的分布区，当时在北美还有热带火蚁（*Solenopsis geminata*）等比较出名的害蚁，初来乍到的残暴火蚁并未引起很大的重视。

▶ ▶ 红火蚁标本头面观
图片来源：陈志林 摄

20 多年后，美国人为自己的疏忽尝到了苦果，残暴火蚁的分布范围大幅度扩大，其危害性也逐渐显现出来。1956 年前后，人们意识到了所谓的残暴火蚁其实包括两个不同的类型，经过已故的蚁学家威廉姆斯·布伦（Williams Buren）核定，其中一个是早在 1909 年就已经被定名的黑火蚁，另一个则需要给予一个新物种的地位。于是，布伦在 1972 年为红火蚁定名——严格按照学名来翻译的话，红火蚁的名字应该是"无敌火蚁"。布伦已经意识到，这种蚂蚁的适应性非常强，并认为它很难防治，因此，赋予其种小名"invicta"的时

▶ ▶ 红火蚁标本头面观
图片来源：陈志林 摄

▶ ▶ 红火蚁标本头面观
图片来源：陈志林 摄

候取了"无敌、不可征服"的意思。之后的事实证明，专业人士在自己的领域内往往是有先见之明的。

根据红火蚁在美国扩散的历程推算，它们每年向西推进大约 200 千米，今天已经成为美国南部地区最不受欢迎的访客之一。大约有 4 000 万美国人生活在红火蚁的入侵地区，每年有数以万计的人被叮咬。仅南卡罗来纳州 1998 年一年，就有 3.3 万人被咬伤，其中 660 人出现过敏性休克，2 人死亡。为了阻挡红火蚁的入侵，美国人采用了各种方法，但是都没能阻挡它们的脚步。

在红火蚁向世界进军前，红火蚁的巢穴组织方式也发生了变化。入侵早期的红火蚁是单后型的，这也是它们在原产地的状态，也就是一窝蚂蚁里只有一只蚁后。在这里，请允许我简单地插入一点儿关于蚂蚁巢穴的基础知识。蚂蚁是一类真社会性昆虫，在巢穴里是有品级分化的。生殖品级包括雄蚁和雌蚁，它们在交配前通常是有翅膀的，因此它们有很强的运动能力和传播能力。交配后，雄蚁死亡，雌蚁则会折下翅膀，寻找筑巢地，开创自己的事业，此时它就可以被称为蚁后了。在巢穴中数量更大的是劳动品级，也就是工蚁，有些蚂蚁物种的巢穴中工蚁还有大小不同的分化，甚至有特化的兵蚁。劳动品级一般没有生殖能力，也没有翅膀，但是它们数量众多，是蚁巢的主体，也都是蚁后的后代。如果你对有关知识有更多的兴趣，可以去阅读我的《蚂蚁之美》或《动物王朝》。大概在 20 世纪 70 年代，多后型的巢穴出现了，后续的研究认为，这可能是 16 号染色体上的 $Gp-9$ 基因发生突变造成的，但对于这一解释我仍抱有怀疑态度，希望能有进一步的验证。总之，结果就是，多后型巢穴的规模更大，产下的卵更多，群体的工蚁数量更多，而且不同巢穴之间的攻击性减弱，从而减少了在入侵过程中的内耗，巢穴的密度更大。于是，红火蚁的发生就逐渐从以单后型为主的情况转变成单后型和多后型并存的状态。目前看来，多后型的危害更大。

▶ ▶ 红火蚁群中不同大小的工蚁和有翅的雌蚁
图片来源：刘彦鸣 摄

之后，红火蚁开始向外传播，澳大利亚、新西兰和我国都是其入侵地。

关于红火蚁是如何进入我国的，目前观点并不十分统一。2005年，曾玲等分析了来自吴川的样本，发现其与美国佛罗里达州的红火蚁相同，所以这些红火蚁应该是来自美国的。但是，2006年和2007年采集的标本的基因分析却表明，这些红火蚁共有3个类型母体基因，很可能是分三批（或由三群蚁后）侵入我国的，而且这三批的基因均与阿根廷分布的红火蚁相同，由此推测则很可能是通过来自南美的贸易活动侵入我国的。可是，2011年和2012年采集的另一批标本分析则和2005年的结果相似，认为其来自美国南部。另有研究则认为，中国内地的红火蚁是经由香港地区转跳扩散而来的。这些研究结果表明，我国红火蚁的来源仍需进一步厘清。

但是，毫无疑问，它们已经落地生根，形成了自然种群，并且开始了扩张之旅。

叮咬和过敏

红火蚁最让人忌惮的就是它们尾部的螫针，能够注射效果强劲的毒液。据说其名称就来自被几十上百只蚂蚁爬在身上叮咬时如同火烧般的感觉。我有不少和蚂蚁打交道的经验，一般都能保证自己的安全，尽管也还是被螫过，但次数有限，我也没有感受到一些文字描写的那种剧烈的痛感。我有足够多的办法让自己体验到这种疼痛，但我一点儿也不想尝试，通常只是在野外不留神的时候被一两只蚂蚁上身叮咬。而且，我反应比较快，差不多是刚被螫的时候就有所察觉，然后赶紧将蚂蚁拍打下去——蚂蚁的螫刺需要时间，通常螫刺的时间越长，注射的毒液就越多，你的痛感也会越强。此外，得益于我在大多数情况下都不会过敏的体质，我也没有遭遇过被螫后的各种过敏状况。

▶ ▶ 红火蚁的蚁丘
图片来源：本书作者 摄

但我确认所有那些描述都是真的。我虽然没亲身体验过，但别人的体验我可就见得多了。事实上，经常有人因为着了红火蚁的道来问我要如何处理。被一大群蚂蚁爬到身上的情况也是有的，特别是不留神踩到、摸到或坐到红火蚁的蚁丘上面，它们在 60 秒内就可以布满巢穴的表面，也能在更短的时间内沿着鞋子、衣裤等爬到你的身体上。一旦出现这种情况，要想把它们从身上弄下来，你得花费不小的力气。所以，在有红火蚁活动的地方，要格外小心，尽量避开这些蚁丘。

但是，如果不小心被叮咬，你可以采取一些基本的处理步骤。你可以用肥皂与清水清洗被叮咬的部位，然后冰敷止痛。一般来说，你可以使用含类固醇的外敷药膏或口服抗组胺药来缓解瘙痒与肿胀的症状，但必须在医生的诊断指示下使用上述药剂。你也应避免伤口的二次感染，如果有脓疱发生，不要将其弄破。

▶ ▶ 红火蚁巢穴内部的蜂窝状结构，这是它们巢室的特点

图片来源：本书作者 摄

特别需要引起重视的是过敏反应，一旦出现全身性瘙痒、荨麻疹、脸部燥红肿胀、呼吸困难、胸痛、心跳加快等症状或其他严重生理反应，必须尽快就医，以免发生危险。红火蚁毒液的强烈致敏性与其成分有关。红火蚁的毒液主要由哌啶类生物碱和少数水溶性蛋白质组成，蜇伤引发的剧烈疼痛主要来自生物碱，而致敏性则很可能与蛋白质有关，大约有少于1%的被蜇伤人群会因此产生过敏反应。我听说一些易过敏体质的朋友在红火蚁活动区会随身携带一点儿抗过敏药，我认为这是一种极好的选择。特别是在户外活动的时候，离医院太远，而过敏又可能发作得很快，咽喉水肿很容易引起呼吸困难，随身携带抗过敏药可以做到有备无患。

事实上，由外来入侵物种引起严重过敏反应的并不止红火蚁一例，另一个典型案例是豚草（*Ambrosia artemisiifolia*），它能引发一种多发在秋季、被称为花粉症（俗称枯草热，英文名为 hay fever 或 seasonal allergic rhinitis）的症状。事实上，花粉症并不是真的发烧，而是一系列以呼吸道反应为主的过敏症状。典型的症状包括打喷嚏、流鼻涕、眼睛发痒、流眼泪等，但也可能引发更强烈的症状。最开始的时候，这一病症被与感冒混淆，但与季节有关的症状特征早在至少数百年前就已经有记录了。17 世纪，一些科学家推断花粉症的发生与植物释放的花粉有关。今天，我们可以完全确认，花粉症主要与空气中悬浮的花粉颗粒相关，是一种呼吸道过敏反应。不同类型的花粉对人群的致敏性不同，豚草的花粉就属于致敏性很强的一种，研究人员在其中已经发现了至少 12 种致敏蛋白，它是某些地区花粉症的主要诱因。

与多数被子植物通过昆虫来传粉不同，豚草是通过风来传粉的。也就是说，它们在传粉过程中产生足量的花粉，然后将这些花粉释放到空气中，由风带到雌蕊上完成受精过程。

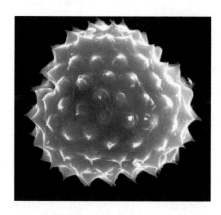

▶ ▶ 扫描电镜下的豚草花粉，标尺为 9 微米，单粒豚草花粉是肉眼不可见的

图片来源：Marie Majaura/Wikimedia Commons/CC BY-SA 3.0[①]

① 本书图片来源所注不可作为任何其他人或组织申明图片来源之依据，亦不可作为版权声索之证据。

▶ ▶ 豚草植株

图片来源：Harry Rose/Wikimedia Commons/CC BY 2.0

▶ ▶ 豚草的雌花
图片来源：Meneerke Bloem/Wikimedia Commons/CC BY-SA 3.0

▶ ▶ 豚草的雄花序
图片来源：Meneerke Bloem/Wikimedia Commons/CC BY-SA 3.0

由于风媒传粉没有像虫媒传粉那么明确的目标性，传粉效率要低得多。因此，这些可以长到2米高的植物会产生大量的花粉，每株豚草能产生数以亿计的花粉粒，每平方千米的豚草在繁殖期总计可以产生十几吨花粉。而当每立方米空气中含有10粒以上的花粉时，就有可能引起一些人的过敏反应。因此，在豚草威胁非常严重的地区，往往会有比较多的花粉症病例。以美国为例，受花粉症影响的人口比例大致在2%~10%，该国曾在12个月内统计到有1 920万成年人和520万未成年人受到花粉症影响，分别占统计人口比例的7.7%和7.2%，豚草的花粉在其中起到了相当大的作用。

1935年，我国杭州首先记录到了豚草。之后，其迅速向东北、东南和华中地区扩散，

▶ ▶ 三裂叶豚草，其叶形和豚草有较大区别

图片来源：Le.Loup.Gris/Wikimedia Commons/CC BY-SA 3.0

并在 2010 年前后入侵了我国新疆的伊犁河谷。除豚草外，其近亲三裂叶豚草（*Ambrosia trifida*）也在我国多地扩散，其花期与豚草重叠，花粉同样具有强致敏性。每年 8 月到 10 月是豚草在我国传粉的主要时段，这也使得在其入侵地产生过敏反应如鼻炎、哮喘等的人数大幅上升，如 1978 年沈阳在这个时段进行过检测，10% 的过敏门诊患者为豚草花粉过敏。不过可能由于这些豚草在我国总体呈零散式分布，尚未形成北美的规模，目前记载的过敏人群比例为 0.5%~1%，高发病区达 5%，但即使如此，推算下来也有上千万人口受影响，只是有不少人并不清楚自己受到了影响。倘若豚草种群规模持续扩大，则将有更多的人受害，而持续几十天的咳嗽、流鼻涕、流眼泪乃至哮喘、瘙痒等症状，着实痛苦。

更多的麻烦

几乎没有哪个入侵物种只会带来一项麻烦，不论是豚草还是红火蚁，都是如此。比如，豚草的入侵除了与本土植物直接争夺生存资源以外，也会改变土壤组成，进一步影响土壤生态。至于红火蚁，其造成的影响也绝不比豚草逊色，它们甚至能够危害电气设施。

据统计，在美国南部地区，因红火蚁对电气与通信设备的危害造成的损失一年就达到了 50 亿美元以上，仅得克萨斯州就高达十几亿美元。变压器箱、电话亭、断路器、空调、电泵、开关盒、电源插座等很多类型的电气设备都会受到蚂蚁的影响或破坏，受到"愤怒"蚂蚁的"攻击"。但说蚂蚁被"激怒"而做出这种行为可能有更深层次的原因，目前尚无定论。麦凯（W. P. Mackay）和文森（S. B. Vinson）等人的工作认为红火蚁可以感知到电场，比如当开关启动时，觅食的工蚁会在产生电场的地方停留，如果关闭电源开关工蚁就会爬走，这些研究倾向于认为电场能对红火蚁产生吸引作用，国内也有研究在一定程度上支持这一观点。但什洛维克（T. J. Slowik）等人的后续研究则否定了这个观点，他们认为裸露的带电导体才是问题的关键所在。他们认为，一旦蚂蚁以个体或群体方式接触到带电导体受到电击，就会发生反应，它们会举起腹部释放气味（信息素）去召集其他同伴。随后聚集过来的蚂蚁也会在同样受到电击后释放信息素，这样越来越多的蚂蚁就会聚集在同一位置，最终导致蚂蚁数量过多，引起开关等

▶ ▶ 聚集在电线周围的红火蚁
图片来源：刘彦鸣 摄

裸露导体发生故障或短路。但是，这些并不能解释蚂蚁在最开始的阶段是如何被吸引到电气设备上来的。或许是工蚁在随机活动的过程中偶然受到电击，从而启动了这一系列的反应？相关问题可能需要更严谨的实验来验证。

另外，红火蚁的筑巢行为也会给电气带来问题。蚁群有时会在这些设备埋入土壤的部分旁边筑巢，这将导致湿气积聚和设备外壳的腐蚀，这个问题也经常与变压器故障相关。此外，蚂蚁通过挖掘行为啃咬电线保护层也有可能导致短路。

另一个危害则来自农业方面，尽管红火蚁具有捕食部分农业害虫的作用，比如对桔小实蝇（本书后面的章节会提到这个入侵物种）具有杀灭作用，但总体来看，红火蚁对于农业生产是有害的，是一种重要的害虫。一方面，红火蚁会危害进行农业生产的人畜和设备，如蜇伤人类、杀死雏鸡、破坏电路等；另一方面，红火蚁会破坏土壤、植物根系、幼苗、嫩芽、花、果实、种子等，同时捕食蜜蜂等访花传粉的昆虫。比如，红火蚁对玉米及绿豆种子萌发具有明显的负面作用，会直接导致农业生产方面的损失。此外，红火蚁与一些农业害虫可以发生协同作用，增大危害，比如红火蚁能促进棉花粉蚧的近距离扩散等。

▶ ▶ 红火蚁取食幼果

图片来源：刘彦鸣 摄

当然，入侵生物最重要的危害在于对整个生态系统的冲击，它们会破坏原有的食物链和食物网，重构被入侵地的生态关系，其对动植物及微生物的生物量和多样性都会造成影响。在我国，至少有 22 种受保护的鸟类、1 种两栖动物和 18 种爬行动物都受到红火蚁的威胁，它们的毒液同样可以造成这些动物及其幼体过敏性休克或死亡。至于受其影响的昆虫等节肢动物，那就更多了。

事实上，受到冲击最大的是本土蚂蚁物种，它们是红火蚁的直接竞争对手和消灭目标。黄煜权等在 2016 年报道，红火蚁入侵后本地优势种蚁的数量显著降低，红火蚁成为最大的优势种，数量占主导地位。另有研究指出，在荒地和草坪上，随着红火蚁的入侵，本地蚂蚁的丰富度明显降低。在这两种不同的研究中，蚂蚁物种的丰富度分别降低了 33% 和 46%。

▶ ▶ 红火蚁攻击本土蚂蚁物种双齿多刺蚁

图片来源：刘彦鸣　摄

红火蚁通过竞争和侵略性干扰取代本地蚂蚁。在入侵早期，在距土丘 5 米的范围内，红火蚁的影响最大。其影响也与密度有关，即种群越大，对本地蚂蚁物种的影响就越大，生态位移发生得也越快。

红火蚁同样会对本土植物造成直接或间接的影响。种子是红火蚁的重要食物来源，有对红火蚁丢弃的垃圾堆进行的研究发现，其中 12% 是种子。它们更喜欢含油脂的种子，并造成这类种子的损失。此外，红火蚁通过捕食关系作用于与植物有密切关系的昆虫，从而对植物造成影响，比如对蜜蜂等访花传粉昆虫的捕食，或者对蚜虫、粉蚧的保护等。藿香蓟就有可能从红火蚁的存在中获益——在有红火蚁的情况下，藿香蓟的密度明显较高。

红火蚁还改变了土壤有机质的含量，导致碱解氮和速效磷减少，以及速效钾和土壤酸度上升。红火蚁营巢均能显著影响林地、荒地和草地土壤中无机物的含量，即便在活动巢废弃后，这种影响仍十分显著。红火蚁引起的土壤理化性质的变化，可能对土壤有机质群落产生重大影响。此外，红火蚁巢穴土壤中的生物碱浓度较高，有可能对巢穴土壤微生物群落产生重要影响。

突然冒出来的红火蚁？

关于红火蚁的扩散，我们在中国科学院昆明动物研究所的课题组的那些小伙伴是最有直观感受的。2016 年前后我们在昆明动物研究所的新址，也就是西南生物多样性中心，设立课题组的时候，我在研究所大院和旁边的昆明植物园转了一大圈，看到了不少蚂蚁，但没有看到红火蚁的踪迹，更没有看到红火蚁典型的隆起土巢。

但到了 2018 年前后，研究所的温室附近就已经有隆起的红火蚁丘了。而到了 2019 年前后，在研究所下面的草地里已经有不少红火蚁巢了。我在昆明动物研究所是客座研究人员，并不常去所里，但2017 年夏我还带着当时全组的人员在研究所和旁边的植物园进行了蚂蚁分布的考察和调研，我们采集了很多蚂蚁标本，但并没有见到或采集到红火蚁。凭我对红火蚁的熟悉程度，倘若周围真的有红火蚁丘或潜伏着比较大量的红火蚁，我不可能察觉不到。否则，我带队的调查活动未免太草率了。另外，我自己空闲的时候还去了金殿、黑龙潭等地方，都没有见到红火蚁。也就是说，研究所周围当时可能也没有红火蚁，它就好像是在一两年的时间内突然冒出来的一样。这让我大为震惊和困惑。

这和我的认知不同。

我所知的红火蚁的入侵和崛起总是需要一个过程的。我在广州见过红火蚁扩散版图边缘的群体，在海南见过正兴起的巢群等。不管是小心翼翼的零散蚂蚁还是川流不息的小小蚁道，它们在新入侵地形成规模之前，总是有迹可循的，也是需要一些时间积淀的。

一定是哪里出了问题！

在课题组的小伙伴们帮我寻找线索的时候，来自他们的一个模糊记忆让我感觉有了些许眉目。在进行调查之后，我发现我们所旁边曾经进行过建设，而且一些地方的草皮似乎更换过。我感觉自己隐隐抓住了问题的关键。

现在更换草皮非常便捷。从栽培地连土铲下的草皮被切割成像地砖一样的方块，或者像毛毡一样被卷成卷儿。它们被拉到要移栽的地方，然后延展铺开定植，就像给大地盖被子或穿衣服那样，可以迅速完成绿化，能够减少建筑土堆直接暴露的时间。

但是，这种高效的绿化手段带来的不只有植物，还有土壤所裹挟的动物、卵、微生物等，实际上相当于表层土壤生物群落的移植。倘若未经严格检疫，同样可以带来入侵物种，比如红火蚁。

依照这种猜测，倘若植物移植携带了相当数量的红火蚁，它们就会迅速定殖下来，产生相当数量的繁殖蚁，迅速成为一个传播中心。这种蚂蚁与本土蚂蚁通常只能在特定的季节婚飞不同，它们全年都可

▶ ▶ 利用草尖起飞的红火蚁雌性繁殖蚁

图片来源：刘彦鸣 摄

▶ ▶ 草尖上准备起飞的红火蚁雄性繁殖蚁

图片来源：刘彦鸣 摄

以婚飞，繁殖蚁可以持续不断地向外传播。再加上多后型巢穴可以快速繁殖并形成规模的特点，在一两年的时间内，确实足以外溢发展成更大的规模。当然，这只是推测之一，并不能排除其他原因造成这一结果的可能，比如从昆明邻近区域而来的快速扩散等。

但是，草皮移植确实是引起红火蚁传播的重要媒介。曾经有一位生活在福建某个县城的朋友向我介绍了他那里的情况，当地的红火蚁传播几乎是伴随着新建小区的草皮移植快速传播开的。

另一个让我感受很深的例子是深圳国家基因库的后山，我们有一个研究小分队就在那里。2019年5月，小伙伴们带我去看了那里的蚂蚁，其中一位小伙伴后来还在著名的《自然》杂志上以第一作者发表了论文。我被带去参观的第一个蚁巢就属于一窝红火蚁。之后，我们发现了更多的较大型红火蚁巢，这些蚁巢都在铺设的草皮上。而在没有铺设草皮的地方，如果是靠近边缘，则往往有一些新的小型蚁巢，倘若向更远处探索，则都是本土蚂蚁的天下。这是一个非常明显的以移植草皮为中心向外扩散的案例。

▶ ▶ 红火蚁巢在被水淹没以后可以主动抱团上浮，这也是它们沿河漂流扩散的一个重要途径

图片来源：刘彦鸣　摄

事实上，这几年红火蚁的传播速度相当快，根据媒体报道的来自农业农村部的消息，截至 2021 年，红火蚁已传播至我国 12 个省份的 435 个县市区。而近 5 年来，新增红火蚁发生县级行政区就达到了 191 个，势头非常迅猛。而相比红火蚁的中短距离自然扩散，以草皮、盆栽或土壤运输携带所造成的长距离扩散，怕是难辞其咎。

难解的困局

2019 年，在海南的某个高速服务区，趁着休息的空当，我蹲下来查看地上的蚂蚁。很快，一些非常活跃、川流不息的小型蚁路吸引了我的注意，这些蚁路从低矮的花坛一直延伸到水泥地面。我仔细辨认，原来是红火蚁。我认真观察了花坛，没有发现隆起的蚁丘，应该是刚刚建立的群体。我把这个发现告诉了周围的本地人，但他们都不信。此行我到访了海南的不少地方，遇到过数次这类情况，一些人知道红火蚁已经入侵的事情，但更多的当地人并不知道，也不信。时至今日，我想他们应该都已经相信了。

▶ ▶ 海南儋州，借着砖石缝的掩护活动的小股红火蚁，初期发生
图片来源：本书作者 摄

我无意对普通人加以指责，而是这暴露出来一个相当严重的问题，即入侵早期的红火蚁相当难以预警。它们没有典型的蚁丘结构，数量不多，很难辨认。此外，我还有更多感触。2017 年，我和华南农业大学的许益镌教授在广州龙洞考察，经过一个局部施工的小土丘时我看到了一只形单影只的工蚁，之后我找到了一个小小的隐秘巢口，

又用了好几秒钟我才反应过来自己遇到了一窝红火蚁。倘若一个经常和蚂蚁打交道的人在没有准备的情况下，都要花一点儿时间才能将其识别出来，普通人能够意识到早期红火蚁入侵的概率一定是极低的。而等到当地人意识到问题的严重性时，它们可能已经形成了规模，很难被彻底消灭了。

不过，我们还是可以重点监测一些地方，甚至从某种意义上说，入侵往往是从这些地方——比如有施工活动的地方——开始的。

之所以这样说，是因为这些地方的土壤生态往往因为施工几乎被完全摧毁——一些工程暴力地先铲掉整个地块上的一切，然后在中间或角落里盖上几栋建筑，最后整个区域重新进行快餐式的绿化。而完好的土壤生态本身具有抵抗力稳定性，对入侵物种是有抵御作用的。你会先在公路边、小区旁或城市公园里发现入侵物种，而不是在生态良好的森林里或草原上。

在对抗红火蚁的入侵上，本土蚂蚁是我们的天然盟友，也是最可信任的盟友之一。

所有的蚂蚁都具有领地意识，并且一个蚁巢可以存在很多年，在一块地盘被瓜分完毕的地方，红火蚁的繁殖蚁很难立足。那些日夜巡逻的蚂蚁士兵，会很快揪出这些入侵者，然后把它们消灭掉。即使在与红火蚁势力范围接壤的地方，双方也要经过较为持久的较量，红火蚁才能一点点蚕食它们的领地，这会大大延缓红火蚁入侵的步伐。正是因为如此，我们倡导在阻击红火蚁入侵的过程中要尽可能地保护本土蚂蚁物种，特别是在用农药灭蚁的时候，一定要注意甄别，那些能够在红火蚁周围生存的本土蚂蚁是我们宝贵的盟友。然而，这又谈何

▶ ▶ 国家基因库后山，红火蚁分布区的边缘。掀开砖石，可以看到一个刚刚形成的红火蚁巢。它看起来非常不起眼，也没有土丘，平平常常，和普通的蚁巢差不多

图片来源：本书作者　摄

容易？在多数人眼中，所有的蚂蚁都是差不多的。我看过很多关于红火蚁的报道，从地方类媒体到中央级媒体，文案多数都是靠谱的，但到了配图环节，你就可以看到各种各样的蚂蚁。对于此，我曾在《光明日报》上专门进行过回应。

因此，我希望有关部门在从事红火蚁防控工作的时候，可以给基层工作人员进行一点儿培训，至少让他们有能把入侵蚂蚁和本土蚂蚁区分开的辨识能力。

而那些因为施工破坏或农药施放而造成本土蚂蚁元气大伤甚至"实力真空"的地方，则是另一种情况了。在土壤生态重建的过程中，首先入场的往往是入侵物种，且不说移植草皮或树木携带的可能，仅是红火蚁全年都在不停地释放繁殖蚁这一项，本土物种就拍马难及。往往是红火蚁先抵达，建巢，形成规模，然后捕杀本土蚂蚁的繁殖蚁，排除本土蚂蚁，最终密布蚁巢，形成红火蚁区域性传播中心。正是因为如此，这些地方应该被重点监控和防治，它们是我们监测红火蚁等入侵物种扩散的"哨兵地带"。

▶ ▶ 被相当多媒体误认为红火蚁的黄猄蚁（ *Oecophylla smaragdina* ）。黄猄蚁是本土树栖蚂蚁，过去被用作防治柑橘害虫，是生物防治的典范。其实两者不难区分，黄猄蚁具有相对更大的体型、更高挑的身材，行动也更迅速

图片来源：本书作者 摄

一旦红火蚁区域性传播中心形成，接下来会怎样呢？几乎可以想象，只剩下一个选

择——喷药。我们可以沿着这条思路继续向下推演。当这里的居民或管理机构不堪红火蚁的侵扰时，行动就要开始了。高效的杀虫剂会迅速消灭这些红火蚁，传播中心被清除，然后获得短暂的"愉快时光"。接下来，历史将会重演，并且可能更快。在原传播中心周围已经形成了环抱式的巢穴分布，这些巢穴产生的繁殖蚁会迅速回填，然后重建那些巢穴。于是，下一轮循环开始了。其结果就是，持续使用农药有可能导致土壤污染，而其针对的目标则有可能获得耐药性。许益镔教授在接受《中国科学报》采访的时候也曾表达了对过度用药的担忧。事实上，这也是有先例的。20世纪70年代末，美国历时14年的红火蚁根除行动最终惨败收场，由此产生的从生态到居民健康上的附带损害十分惊人，并且因为化学药品的使用对红火蚁的天敌和竞争者具有更大的杀伤力，反而恶化了局面。这一活动被卡逊记录到了她那本著名的《寂静的春天》里，并在之后受到了广泛而强烈的批评。

就像卡逊所指出的，周期性的喷药是一种脆弱的、表面的控制与平衡，只能是权宜之计。也许你可以因此看到茵茵的绿草和茂盛的树木，却鲜见昆虫与动物，光鲜的背后是生态的深刻撕裂。

历史不应该重演，但不用药恐怕也是不行的。这就要求我们去选择那些对入侵物种针对性更强而对环境影响更小的药物，并且谨慎规划和控制药物的使用。但若想破局，除了对被红火蚁侵入的地方进行充分调查和整体规划性的监控和杀灭外，治理之后也要对这些被破坏的地方进行生态修复。那可不是新铺设一层草皮或引种一些观赏树木就能做到的，而是要把本土的生物群落请回来，请回原本的草木、土壤动物和微生物，并给予适当的支持，请它们与我们一同镇守我们的家园。

第 2 章

舌尖上的小龙虾

▶ ▶ 小龙虾试图用螯肢反击捕捉它的人

图片来源：本书作者 摄

两锅馋人的小龙虾

我偶尔会从菜市场买点小龙虾回来自己做，这是家里孩子喜爱的食物之一，20元上下一斤，价格也算亲民。近年来，市场上小龙虾的供应量很大，麻辣小龙虾也成为大众所熟知的菜品。我算不上擅长做菜，好在虾是活虾，只放盐来煮，也不至于无法下咽，倘若稍微上心一点儿，就更好吃了。

我通常的做法是：先将这些家伙置于静水中一两个小时，中间换几次水，让它们排泄一下。小龙虾是底栖动物，携带的泥沙确实不少。要想让水变清，不换几次水是不行的。然后，坐上一锅开水，把小龙虾们捞过来烫一下，主要是为了把虾烫死，顺便消灭虾表面的微

▶ ▶ 水中的市售小龙虾
图片来源：本书作者 摄

▶ ▶ 放在白色背景下的小龙虾个体
图片来源：本书作者 摄

生物。接下来，我会把虾放在一个菜盆里，搬把椅子坐在水池边，抄起一只牙刷，把虾翻过来，借助细细的流水逐个刷洗其腹面。等所有虾都刷洗完，就烧上一锅底油，用热油把虾再过上一遍。据说炸过的虾壳会脆一点儿，更容易剥。但不知道是不是手法的问题，我试过一次不过油的，剥壳的难度似乎也没有太大区别。我做饭属于稳健型的，如果你看过我的《寂静的微世界》就知道了，我其实主要是想利用热油处理掉虾身上可能携带的耐热微生物，毕竟油温比水温高多了。尽管养殖小龙虾要比野生小龙虾干净得多，但小心一点儿总是没错的。到此为止，食材的处理就结束了。

接下来就是做菜了。锅里先倒上油，放入葱姜炝锅，然后加入小龙虾翻炒，倒上一听啤酒，再加上八角、香叶和盐。我个人觉得，做小龙虾，啤酒是很关键的调味料，可以去腥提鲜。但是，啤酒中的维生素 B_1 有可能提高食用小龙虾后人血液中的尿酸含量，引起结石或痛风，因此不能过量、过度食用小龙虾，喝啤酒也要适度。尽量不要顿顿吃小龙虾，尤其是肾功能比较弱的人。由于家里有人吃辣也有人不吃辣，我还得在这个基础上同时起两个锅。辣的这锅直接加上重庆火锅料就好，简单省事；不辣的一锅就麻烦点儿，需要自己加酱油、生抽、老抽、蚝油和十三香。接下来就煮沸，之后盖上锅盖小火炖煮至收汁就好。如果家里有或想得起来，出锅的时候还可以放点儿蒜末或香菜，如果想不起来，直接出锅也可以。

整个流程下来，大概要小半天的时间，但为了满足口腹之欲，还想一百块钱以内全家吃尽兴，就只好自己动手做了。不过，小龙虾做好后那个红红火火的样子，特别是配上麻辣的口味，确实很馋人。

有人说小龙虾太脏，有细菌也有寄生虫。这些都是客观存在的，但也是其他各种食材中普遍存在的问题。其实，目前市面上的小龙虾

▶ ▶ 自家做的两小盆小龙虾
图片来源：本书作者 摄

大多是养殖的，总体卫生状况还好，做菜的时候各个环节处理得谨慎一些，是没有太大问题的。

小龙虾的另一个被长期诟病的问题是重金属污染。小龙虾对重金属确实有富集作用，作为底栖动物，它体内的重金属含量直接与生活环境相关。目前，我国水体重金属污染形势严峻，部分水体泥底的重金属锌、铅、镉和汞等超标150倍以上。但是，这种富集作用并非小龙虾独有，而是普遍存在于生物界。或者说，所有的底栖动物和水生鱼类都面临类似的威胁。所以说，污染严重地区的野生水产品都是需要谨慎食用的。

与传言说小龙虾都是从沟渠里摸来的相反，市面上大多数小龙虾都是人工饲养的，没有那么严重的污染。近年来，针对公众对小龙虾重金属污染问题的担忧，多个机构曾对多地的小龙虾进行了检验，除一些轻度污染外，总体上没有发现重金属严重超标的问题，应该是比较安全的。而且，小龙虾能够通过蜕壳的方式将重金属等有害物质抛弃，肉质的重金属含量会相对低一些。因此，只要我们购买渠道来源正规、明确的小龙虾，应该是没有问题的。当然，吃虾的时候要注意去除虾线，如果是买健康的活虾养上一小段时间，待其排净体内的泥沙，会更安全。

此外，小龙虾身体重金属的分布是有差异的，头部铅、镉等重金属含量高于尾部，有时会略超标。比如无锡曾检出小龙虾头部镉元素超标，但不严重，而且尾部没有问题。虽然小龙虾尾部汞含量高于头部，但并无超标记录。总的来说，小龙虾可以吃，但不建议食用小龙虾的头部，也不建议油炸后吃其虾壳。

至于说外国人不吃小龙虾，也是错的，美洲、欧洲和非洲的人都在吃，我国也有小龙虾出口贸易。小龙虾真正给我们带来的麻烦，是它养殖逃逸后引发的问题。说不定你已经有所耳闻，它们逃逸到野外后变成了非常不好对付的入侵物种。

从日本到中国

小龙虾的学名是克氏原螯虾（*Procambarus clarkii*），虽然长得有点儿像龙虾，但它是淡水虾类，与海洋中真正的龙虾亲缘关系较远。

小龙虾的原产地在墨西哥北部和美国南部地区，但就像很多入侵生物一样，小龙虾也不是直接从原产地入侵到我国的。

我国的小龙虾是从日本来的。有坊间传闻说，过去日本人为了用小龙虾处理人的尸体而引进了该物种，但这种说法是不靠谱的。根据两位日本学者的考证，小龙虾是在 1927 年首先引入日本镰仓市的，当时是用作饲养牛蛙的饵料，一共引入了大约 20 只，饲养在私人池塘里。当然，从那以后，小龙虾很好地适应了日本的环境，并且扩散开来。但是，也有一些资料将这个时间前推了 9 年到 1918 年，不过引入原因相同，这意味着这个时间可能还有进一步考证的空间。为此，我检索了关于小龙虾入侵日本的文献，发现还是 1927 年的提法更多一些。后来，我从日本学者平井俊明 2004 年发表的一篇论文中找到了一条线索，即牛蛙是在 1918 年引入日本的。此后我又检索到了多篇论文，印证了牛蛙引入日本的时间其实是在 1918 年。这意味着有两种可能：一种可能是，在日本某个地方，牛蛙饲养技术是"成套"引进的，也就是日本在引入牛蛙的同时引入了作为饵料的小龙虾；另一种更大的可能是，一些文献将小龙虾和其高度关联的物种牛蛙在引入时间上弄混了。

但不管怎么说，小龙虾最终经由日本引入了中国。时间很可能是 1929 年，地点是南京，目的是观赏或食用。自此以后，小龙虾便依托长江水系，向长江上游和下游扩散，并且出于各种原因，逐渐向我国各地的水系、水体扩散。目前，小龙虾已经扩散至中国的 20 多个省份，按照环境保护部和中国科学院在 2010 年联合发布的《中国第二批外来入侵物种名单》中所言，那就是"南起海南岛，北到黑龙江，

▶ ▶ 将小龙虾养在鱼缸里，确实有一点儿观赏性

图片来源：本书作者 摄

西至新疆，东达崇明岛均可见其踪影，华东、华南地区尤为密集"。

小龙虾以其强悍的生存能力闻名，它们在清水和污水中均能生存，可以耐受零下15摄氏度的低温，也可以耐受40摄氏度的高温。虽然水体缺氧会对它们的生存状况有比较大的影响，但是它们可以上岸或借助漂浮物在水面呼吸，在潮湿气候条件下可以离开水体存活一周，这足以帮助它们进行短距离迁移。小龙虾的食性也很庞杂，植物、藻类、水生昆虫等，不论死活都可以食用，甚至存在同类相食的现象。这些使它们具备了极限生存能力，在不利的条件下可以渡过难关，而在有利的条件下则可以迅速繁殖。

毫无疑问，小龙虾的入侵给我们带来了很多问题。

首先是来自农业方面的问题。小龙虾对稻田具有破坏作用，它们不仅会破坏水稻幼苗，其挖掘巢穴的习性也会造成稻田的水肥流失、田埂坍塌，对于南方的梯田尤其如此。

对水利设施而言，小龙虾的一两米深的巢穴也是极具破坏力的，尤其是对于分布密度比较大的土堤。如果说白蚁可以造成"千里之堤，溃于蚁穴"，这些虾穴恐怕也不逊色。

逃逸的小龙虾同样造成了极大的生态破坏。它们会取食本土的水生动植物，对本土生物群落构成了严重的威胁。云南师范大学的硕士生段清星在调查当地小龙虾的入侵状况时发现了一个重要信息，就是小龙虾对本土两栖动物的影响可能比我们之前预想的还要严重。这项研究不仅证实了在与其他入侵物种（比如食蚊鱼等）共存的水体中，小龙虾更倾向于捕食本

▶ ▶ 小龙虾面朝我举起了两个螯肢，表现出常见的防御和威慑姿态。小龙虾的战斗力和攻击性都很强
图片来源：本书作者 摄

土物种，而且小龙虾对华西蟾蜍的蝌蚪表现出极强的偏好。事实上，近年来两栖动物的处境堪忧，其中有各种各样的原因，而生物入侵是非常重要的一个，本书后面还会继续探讨这一问题。

此外，就像红火蚁对本土蚂蚁产生了冲击一样，小龙虾相较本土虾蟹也具有很强的竞争优势，比如它们会取食本土的中华绒螯蟹和青虾。此外，小龙虾携带的水霉病等疾病对本土虾蟹也具有更大的杀伤力。当然，受小龙虾入侵冲击最大的是分布在我国北方较高纬度的本土螯虾。是的，我国是有本土淡水螯虾的，而且历史久远。

中国地质大学（北京）的邢立达老师就曾经在一块白垩纪化石中发现了远古的淡水螯虾。这块化石出土于我国辽宁省建昌县喇嘛洞地区下白垩统九佛堂组地层，距今大概 1.2 亿到 1.3 亿年。化石的主体是一条小蜥蜴，长约 22 厘米，比普通的直尺稍长，保存得非常完整。虽然是条小蜥蜴，但它的名字听起来就像恐龙一样，叫作矢部龙

▶ ▶ 中华绒螯蟹，也被称为大闸蟹，是我国的
本土物种，但它们在世界其他地方变成了
入侵物种
图片来源：本书作者　摄

（*Yabeinosaurus*）。矢部龙是这个地层中不太罕见的化石，早在中华人民共和国成立前就定了名，不过当年的定名化石在抗日战争时期遗失了。由于矢部龙经常和狼鳍鱼、满洲龟等化石相伴，我们通常认为它是一种在水边活动的爬行动物，甚至很有可能会游泳。

▶ ▶ 这块特别的矢部龙化石标本保存得相当完整
图片来源：邢立达　供图

不过，这块化石有点儿不一样。在这条矢部龙的腹部有些别的东西——布满疙疙瘩瘩的小突起的大虾螯，对，就是像小龙虾那样的大螯肢，还有一些其他类似的碎片。矢部龙吃下去的很可能是一只古螯虾。经过科学家的仔细对比，果然，这些碎片和当时的桑氏古蝲蛄（*Palaeocambarus licenti*）的特征非常吻合。

从螯肢的尺寸来推断，这只古虾的体型可能不小。不过，一条小蜥蜴吞下这么大一个皮厚力大的家伙，让人感觉不可思议。一种可能的解释是，这只古虾当时刚刚蜕完皮，外壳尚未完全硬化，正处于最柔软、最好吞的阶段，它也没有藏好，不幸被矢部龙发现并且囫囵吞下了。但是这条矢部龙很可能因此丧命，它被撑到了，而且部分硬化

▶ 蝲蛄（*Cambaroides dauricus*）也叫东北黑螯虾，是一种中国本土的"小龙虾"
图片来源：惠俊博　摄

的虾壳也很难消化。这件事告诉了我们一条严肃的经验：吃这类虾，不仅要节制，而且要去壳。

在我国，本土的淡水螯虾以现代蝲蛄类为代表，俗名叫大头虾。它们不像小龙虾那样体色鲜艳，而是更暗，接近青色，身上的突起也

▶ ▶ 野生状态下作为入侵物种的小龙虾
图片来源：陈之旸　摄

没有小龙虾那么多，但壳同样又厚又硬。蝲蛄可以食用，也有一定的人工养殖规模。但近年来野生蝲蛄非常少见，其中一个非常重要的原因就是小龙虾的竞争作用。为了保护为数不多的野生蝲蛄，如果你真在户外偶然遇到了它们，还请管住自己的手和嘴。

在入侵本土淡水螯虾生活的水域时，小龙虾比本土螯虾在面对危险时表现得更警觉也更灵活，它们不仅善于隐蔽，还善于将本土螯虾赶出藏身地，鸠占鹊巢。此外，本土蝲蛄类的适应性较差，对水质的要求也很高。与某些本土蚂蚁还能与红火蚁抗衡不同，本土的淡水螯虾在小龙虾面前已经一败涂地、溃不成军。

从欧洲出发的滨蟹

在入侵世界各地水体的甲壳动物中，小龙虾绝非个案，欧洲的普通滨蟹（*Carcinus maenas*）向全球的扩散同样是一个著名案例。

普通滨蟹又被称为欧洲滨蟹或欧洲绿蟹，国内一些报道有时也称之为欧洲青蟹。但实际上，用颜色来描述这种螃蟹是不太恰当的，它们的体色具有很大的个体差异，并不一定都是绿色或青色的，也有黄色、橙色甚至是红色的。这种螃蟹的原产地从北欧海岸向西一直延伸到北非西北部的海岸，但它们的种群并未入侵地中海沿岸，那里由另一种滨蟹——艾氏滨蟹（*Carcinus aestuarii*）所占据。

这种比手掌略小的螃蟹大约是在 1817 年入侵美国东海岸中部的，这也是美国普通滨蟹东北大西洋种群形成的开端。据推测，它们有可能是通过船只的压载物（ballast）、船体管道、外部小型破损或吸附物等被带到美洲的。在这里，我想特别提一下船只的压载物，它们是一个非常容易被忽视的物种入侵途径（红火蚁早期的传播很可能就与此有关）。空载或载量不足的船只在水上航行，由于浮出水面过多，往往不够稳定。为了维持船舶航行稳定并让船舶推进器充分没入水中，往往要增加一些额外的配重，每次航行时都需要根据情况进行调整。这些配重当然是廉价且就地取材的，比如挖取土、泥沙，或者直接向压水舱里注水等。但这些介质里也必然带有当地的生物类型，比如土壤中可能带有土壤动物和植物的种子，海水中也有各种海洋生物。船舶到达目的地后，这些配重又要进行调整，压载物里的生物也就有了向新入侵地扩散的机会。今天，压载水已经成为海洋物种入侵的重要媒介之一。

根据推测，如果普通滨蟹是通过压载水进行传播的，那么相比成蟹，幼体可能更容易传播。虾蟹都是变态发育动物，也就是说它们的幼体和成体有很大的不同。普通滨蟹在发育过程中要经历前蚤状幼体期、蚤状幼体期、大眼幼体期等，并经过多次蜕皮才能成为成体，而其幼体不仅体型小，游泳能力也强。事实上，即使通过今天的船舶工业制造技术对压仓水进行过滤，也仍然很难杜绝所有幼体的传播。

之后，普通滨蟹在美洲逐渐发展壮大，今天几乎已将美国东西海岸的大部分地带纳入了它们的势力范围。但实际上，它们的扩散和传播过程并不是匀速的。通常来讲，生物入侵往往要经过种群潜伏、传播、扩散和暴发的过程，普通滨蟹看起来也是这样的。以美国西北部

▶ ▶ 普通滨蟹壳的两侧各有 5 个前侧齿，两触角之间有三叶，这是它的重要识别特征

图片来源：photoshot/图虫创意

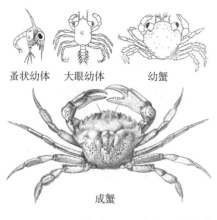

蚤状幼体　　大眼幼体　　　幼蟹

成蟹

▶　▶　普通滨蟹的几个发育阶段，图中未考虑
　　　大小比例关系

图片来源：幼体和幼蟹来自 W. T. Calman,
1911, Life of Crustacea, 成蟹来自 George
Brown, 1884, The fisheries and fishery
industries of the United States (Section 1)

的种群（也就是西北太平洋海岸种群）为例，它至少在 1989—1990 年就已经入侵了加州的旧金山湾，在那里形成自然种群，并且一直局限在这个区域内。但到了 1993 年，它们迅速向北推进了 80 千米，并在之后的几年里又向南推进了 125 千米。此后它们持续扩张，截至 1999 年，累计扩张了 750 多千米。分子生物学的证据也支持美国西海岸当前的普通滨蟹有很大可能是由单一种群扩散而来的，其覆盖范围已然超过 1 500 千米。

除了压载水和自然扩散，它们还有更多的传播方式，比如随渔获等一同传播。普通滨蟹的幼体在新英格兰岩石上的海藻或海草中很常见，而其中的墨角藻（Fucus）和泡叶藻（Ascophyllum nodosum）常被用作饵料给美洲螯龙虾（Homarus americanus）食用，滨蟹有可能也在其内。旧金山湾持续可见的漂浮的新鲜泡叶藻可能就说明这些东西被随意丢弃了，因为当地根本没有泡叶藻自然种群。它们也有可能被混在渔获中一同运输，1989 年发表的一篇论文就曾提到，在运输美洲螯龙虾的水箱中找到了普通滨蟹的成体。此外，教室、水族馆和研究所也可能是新的逃逸途径，倘若有的机构管理混乱，那就更不好说了。至少，目前有数个其他类别的无脊椎动物逃逸的案例。

今天，普通滨蟹已经入侵了许多地方的海岸。1800 年前后，很可能是通过固体压载物或船体污染，普通滨蟹抵达了澳大利亚维多利亚州的菲利普港，和 10 多年后它们抵达美洲的方式类似。今天，它们在澳大利亚东南部海岸形成了相当规模。它们很可能是通过压载水在 1983 年入侵了南非的开普敦，目前至少占据了萨尔达尼亚湾（Saldanha Bay）以北和坎普斯湾（Camps Bay）以南的海岸。南美地区也未能幸免，位于大西洋沿岸的阿根廷巴塔哥尼亚（Patagonia）也在 1999 年遭到了滨蟹的入侵，但有意思的是，它们的来源可能不是北美，而是澳大利亚或塔斯马尼亚（Tasmania），所以它们有望在南美建立更大的势力范围。离我们很近的日本同样受到了波及，不过日本滨蟹种群的情况比较特殊，似乎是介于普通滨蟹和艾氏滨蟹之间，有可能是混群或杂交群。

普通滨蟹是精力旺盛的掠食者，它们主要捕食贝类、小型节肢类和海洋蠕虫等小型海洋动物，也能捕食鱼类。同时，普通滨蟹与本土生境中的蟹类形成竞争关系，至少在入侵地，它们占据上风。普通滨蟹的入侵往往会摧毁当地的贝类养殖业，比如加拿大砂海螂就深受其害。此外，普通滨蟹对本土贝类的捕食还为宝石文蛤等入侵贝类开辟了

▶ ▶ 交配前的普通滨蟹
图片来源：Ar rouz/Wikimedia Commons/
CC BY-SA 3.0

道路。事实上，在生物入侵过程中经常会出现类似的协同效果，比如上文中提到的小龙虾在与入侵物种同时存在时，更倾向于捕食本土物种。

然而，不管是小龙虾还是普通滨蟹，作为水生入侵物种，对它们的防控都是比较困难的，特别是在使用化学药剂时。药剂不仅会对水中的动物进行无差别杀伤，对本土同类型动物的作用尤其明显，药物的使用往往还会对整个水生生态产生摧毁性效果——我们也已经知道，被摧毁的生态系统更容易被入侵。此外，流动的水体对药物的稀释作用非常快，其结果就是大面积的水体污染和很短的药物时效。因此，药物杀灭往往达不到效果，甚至会适得其反。

不管是用诱饵引诱还是设置陷阱，很多地区将捕捉水生入侵物种作为控制它们的重要手段，这样做可以起到一定的限制种群的作用。

当然，本土物种同样值得依靠。比如，北美东部的蓝蟹（*Callinectes sapidus*）有抑制普通滨蟹的作用，至少可以起到抵御作用，蓝蟹数量众多的切萨皮克湾就没有普通滨蟹。在北美，普通滨蟹被研究得非常充分，已发现有数种本土蟹类能够起到抵御作用，它们甚至在很大程度上抑制了普通滨蟹在某些地区的推进。事实上，亚洲有一些经过异地实战检验的物种可以用作防御力量，甚至可以说实现了某种"反杀"。比如肉球近方蟹（*Hemigrapsus sanguineus*）和竹野近方蟹（*Hemigrapsus takanoi*）入侵了欧

▶ ▶ 水族缸里的蓝蟹
图片来源：Ecomare/Sytske Dijksen/
Wikimedia Commons/CC BY-SA 4.0

洲海岸，并且在分布上逐渐和那里的本土普通滨蟹发生了重叠。有研究表明，这个在世界其他地方造成危害的物种正在被来自亚洲的入侵者取代。至于它们将来会不会沿着普通滨蟹当年的路径进入北美和澳大利亚等地，发起一次入侵物种之间的大迭代，那就

▶ ▶ 肉球近方蟹

图片来源：GFDL/Wikimedia Commons/ CC BY-SA 3.0

不知道了。而这两种蟹在我国都有分布，其中肉球近方蟹的分布范围还很广。因此，我们要保护好我国的海岸生态，不要开展普通滨蟹的养殖活动，这可以大大降低普通滨蟹在我国形成自然种群的概率。

资源化的困局

在某些策略中，人们会设想将入侵物种资源化，从而通过可持续的、有利可图的捕获行动来控制入侵物种的数量。对于虾蟹类，人们可能首先想到的消耗途径就是吃。但普通滨蟹似乎不太好吃，特别是蟹肉不太好弄出来，市场前景不乐观。不过，已经有人致力于将其开发成软壳蟹食品。软壳蟹是指蟹在刚刚蜕皮后，原来的硬壳已经脱去而新的外骨骼尚未硬化的状态。软壳蟹的好处在于不用去壳，几乎整只蟹都可以食用。但眼下，普通滨蟹被捕捉以后主要还是用来堆肥和用作饵料。当然，还有一些人有其他想法，比如将其发酵以后作为调味品等。

小龙虾就不一样了，它们真的很适合食用，包括在欧美也得到了很多人的认可。对于此，坊间甚至笑称要靠吃货们来消灭小龙虾，但这当不得真。我们不妨以湖北潜江为例来解读一下。

这是一座被小龙虾改变了命运的城市。

潜江在古代属于云梦大泽一隅，是一片湖泊水系纵横的区域，水土丰饶，之后历经冲积和演变才变为今天的样貌。尽管当年的云梦大泽已经不复存在，但潜江依然是一个水利资源丰沛的地方，这里的主要粮食作物是水稻。最开始的时候，小龙虾给潜江造成了严重的危害，对稻田具有很强的破坏作用。到 20 世纪 90 年代初，小龙虾在潜江已经泛滥成灾。

那时小龙虾是潜江人喊打喊杀的对象，完全被当作害虫处理。但很快就有人发现了其中的商机：每年都有来自欧洲的商人到江浙一带收购小龙虾，对其进行加工和冷冻后出口。于是，商人们开始把潜江的小龙虾倒腾到江苏等地去售卖，自此小龙虾给潜江人带来了实打实的收益。

与此同时，也有人开始琢磨人工饲养小龙虾了。2001 年，积玉口镇的农民尝试水稻和小龙虾"连作"的饲养模式，就是在水稻收获后向稻田里放养小龙虾，让小龙虾以稻庄为食，然后在水稻播种前捕虾，此举大获成功。由于使用的低湖田常常被水淹，每年只能种植一季水稻，小龙虾养殖恰好填补了稻田荒废的时间，农民的收入得到了增加。潜江有大约 40 万亩低湖田，这将是一笔可观的收益。

2002 年的湖北旱情更是助推了"虾稻连作"一把。这一年，潜江的"野生"小龙虾产量锐减，来潜江收购小龙虾的商人们抢起了货，收购价格也水涨船高。在需求端的压力下，小龙虾养殖热了起来。由于小龙虾对农药比较敏感，"虾稻连作"的稻田只能给水稻使用低毒农药，降低了稻田的农药残留污染，这反过来又提升了潜江大米的品质。这一技术向全市、全省的推广，树立了潜江乃至湖北在中国小龙虾市场上的地位。可以这么说，潜江的老百姓用自己的智慧探索出了一种符合当地情况的"绿色农业"模式，尽管其中的关键一环是生态破坏性很强的入侵物种。

把小龙虾从出口贸易推向全国市场的另一个关键事件是小龙虾在烹饪方法上的创新。油焖大虾的推出是一个重要转折。2003年，这种从油焖仔鸡的厨艺改良而来的菜品一经推出就大受欢迎，到2005年已经风靡湖北。之后，以麻辣小龙虾、蒜蓉小龙虾和油焖小龙虾为代表的小龙虾菜品，也以肉眼可见的速度火遍大江南北，以至于今天去湖北，你可能还想尝尝当地的全虾宴。

有意思的是，尽管小龙虾是淡水水产，但它们已经火爆到能够在沿海城市的夜生活中占据一席之地的程度了，尤其是在盛夏。一盆小龙虾，再配上大杯啤酒，成为一种社交模式。关于其火爆的原因，有一种说法虽然带有几分调侃，但也确有几分道理：吃小龙虾得剥壳，不仅要使用双手，还得戴上一次性手套，于是人们便从手机上解放出来，可以专心致志地聊天、看比赛和沟通感情，用户体验很好。

今天，潜江乃至湖北仍然是小龙虾养殖和烹饪的中心。2017年，湖北小龙虾养殖占据了全国55%的份额，加工业更是占据了80%的份额。但这显然已经不是一个省的事情了，安徽、江苏、湖南、江西也都占据了相当份额，甚至远到黑龙江都有小龙虾养殖中心。2020年，我国小龙虾产业的总产值达到了3 491亿元。

接下来，让我们回到原初的问题：靠把小龙虾端上餐桌，我们解决了小龙虾入侵的问题吗？

不，我们催生出养殖业，而且是遍及全国很多省份的养殖业，仅潜江市 2015 年就向省内外输送了 20 亿尾虾苗，2020 年全国小龙虾养殖的单项产值更是达到了 791 亿元。但是，向全国扩张的养殖业也必然伴随着养殖逃逸问题，这无疑增大了小龙虾入侵的地域范围。

那我们应该对小龙虾产业报以什么样的态度？大概是内心充满了矛盾吧？面对这么大的产业和如此广泛的群众基础，令行禁止恐怕行不通，自己肚子里的馋虫大概也会提出反对意见。所以，眼下我们对小龙虾的态度大概只能像《中国第二批外来入侵物种名单》建议的那样，一方面支持养殖业进行技术升级并加强监督以减少逃逸，另一方面则尽可能地对已经逃逸到野外的小龙虾进行捕捉、清除。

▶ ▶ 北方农贸市场中出售的淡水白鲳，水产商是以"武昌鱼"的名字卖给了我。当然，两者其实是完全不同的物种。至于它到底是什么，我想商贩很有可能是知道的，不过由于价格还算公道，我也确实想买回家拍个图，所以没有说破。说实在的，这鱼蒸着吃味道不错，但它嘴里的牙有些吓人
图片来源：本书作者　摄

至于成效如何，只能等待时间的检验。

面临类似问题的物种还有不少，仅是淡水水产养殖就有奥利亚罗非鱼、尼罗罗非鱼、大口黑鲈、淡水白鲳、革胡子鲇等。类似小龙虾这样的案例，在入侵物种治理问题的复杂性上给我们上了深刻的一课。至于说靠吃货来消灭入侵物种之类的话，可不要再说了。

第 3 章

从逃逸、弃养到
放生

▶ ▶ 儋州古盐田里大丛的仙人掌

图片来源：本书作者 摄

海岸的仙人掌

　　到访海南儋州的盐田古迹是一次让我收获颇丰的旅程。在《动物王朝》里我提到了在岩缝里遇到的小螃蟹，也提到了我在当地遇见的大片仙人掌。关于仙人掌在我国作为入侵生物的故事我早有耳闻，但一直没有机会见到它们。在海南儋州我终于得偿所愿。为了防止弄错，我特意询问了当地人这些仙人掌是不是野生的？他们给了我相当肯定的回答。

　　仙人掌虽然名气很大，可以说是家喻户晓，但亚洲大陆其实是没有本土仙人掌的。所有仙人掌的原产地都在美洲大陆，非洲热带地区唯一的本土仙人掌丝苇（ *Rhipsalis baccifer* ），其原产地应该也是美洲，在斯里兰卡也有分布。丝苇之所以没有被归类为入侵物种，一方面是因为它在那里生活的历史相当久远，也许比人类的历史还要久远，另一方面是因为它的传播很可能与动物的自然迁徙有关，是由飞鸟带到非洲等地的，与人类的活动无关，应该算是自然传播。而我们通常所说的入侵物种和生物入侵现象，往往是与人类的旅行、贸易等活动相伴的。

在我国，已经有多个仙人掌物种形成了自然种群，在未给出名录的前提下，复旦大学的杨博等在2010年发表的论文中给出了我国总计58种本土仙人掌科植物的统计数据。近年来，又陆续报道了缩刺仙人掌（*Opuntia stricta*）、二色仙人掌（*Opuntia cespitosa*）、匍地仙人掌（*Opuntia humifusa*）等新的自然种群。

其中，普通仙人掌（*Opuntia dillenii*）、梨果仙人掌（*Opuntia ficus-indica*）、单刺仙人掌（*Opuntia monacantha*）这三种均已被《中国外来入侵植物名录》认定为2级严重入侵种。近年来，我国本土学者有将入侵物种进行分级对待的趋势，这本名录就是代表著作之一。这是一种值得鼓励的行为，有助于我们集中精力首先对付那些已经或即将造成重大危害的入侵物种。在这本名录中，外来入侵植物被划分为4个等级，1级为恶性入侵种，2级为严重入侵种，3级为局部入侵种，4级为一般入侵种，此外还设置了有待观察种等。但是，这本名录的等级划分也有一定的局限性，有待完善。其一是它主要强调了入侵范围和已经造成的影响，而对物种入侵的潜力评估不足；其二是各等级之间划分的界限尚不够明确，需要细化标准，比如，划分1级和2级时把损失和影响评估为"巨大"或"较大"，就显得比较模糊。我个人的建议是，如果将来有可能，可以设置一个评估指标系，就指标系进行加权或矩阵计算，最终给出一个比较准确的位置。但毫无疑问，依据当下的评估标准，三个2级物种已经算很大的问题了。可见，在我国，各种仙人掌带来的生态压力还是不小的。

在我国，仙人掌作为传统的盆栽多肉植物，其历史至少可以追溯到明代——欧洲的地理大发现不仅从美洲带来了辣椒、玉米和土豆，也带来了仙人掌。大概是在哥伦布到达美洲的100多年后，即1625年，刘文征在《滇志》中记载了云南将单刺仙人掌作为花卉引种的事情。至于我在海南儋州遇到的这种仙人掌，在咨询了植物学者史军博士后，我们综合判定它很可能是另一种早期入侵中国的仙人掌——梨果仙人掌，它是1654年由荷兰人首先引入我国台湾地区的。

▶ ▶ 我在儋州遇到的这种仙人掌很可能是梨果仙人掌

图片来源：本书作者　摄

　　古代的文人墨客和地主闲来无事，引种仙人掌用于观赏，这奠定了我国后来民间养殖观赏仙人掌等多肉植物的基础，同时也埋下了隐患。此外，过去民间的另一个行为也推动了仙人掌的快速传播。由于单刺仙人掌和梨果仙人掌等长得比较高大且有刺，它们曾在南方民间被用作围篱。

　　在野外，入侵仙人掌的主要危害是挤压本土植物的生存空间，形成大面积的灌丛。由于具有众所周知的尖刺，仙人掌灌丛会大大限制本土动物的活动，也会给人畜带来伤害。单刺仙人掌上的刺和倒钩毛还会刺激皮肤并有可能致敏。仙人掌具有卓越的耐旱能力和强大的光合作用能力，在面对干旱地区的本土植物时具有较大的竞争优势。

仙人掌的繁殖力也很强。养过仙人掌的朋友可能都知道，它们那些掌状的茎脱落后可以成长为新个体，这是它们的无性繁殖方式。在这种繁殖方式下，即使破碎的块状茎也有一定的繁殖力，因此它们可以借助洪水、园艺、垃圾运输等进行传播。它们也具备有性繁殖方式，即开花结果、传播种子。如果你对仙人掌的果实不够熟悉，那么火龙果总该知道吧？火龙果其实也是仙人掌类植物的果实，看看那些细小的种子，你心里大概就能明白一二了。这个过程需要依靠鸟兽食用果实，仙人掌的种子在经过鸟兽等的消化道后也会更容易萌发。此外，有资料显示，至少梨果仙人掌是可以自交的，也就是能够自体传粉，这无疑增强了它们传播种子的能力。

正是因为以上这些特性，仙人掌等多肉植物易于栽培和定植，容易扩散且难于消灭。今天，它们已经在包括我国在内的世界很多国家和地区变成了优势类群，特别是那些气候比较炎热和干旱的地方，比如我国西南地区的干旱河谷。

进击的虎杖

英国引入虎杖（*Reynoutria japonica*）是另一个典型案例。虎杖是原产于东亚的植物，也叫日本虎杖，是在日本、我国和朝鲜半岛都有分布的植物，其根茎在我国还是一味中药材。

这事要从德国巴伐利亚博物学家和医生菲利普·弗兰兹·冯·西博尔德（Philipp Franz von Siebold）说起。

▶ ▶ 　一丛虎杖
　　图片来源：Gabriel Mayrhofer/iNaturalist/CC 0

1822 或 1823 年，西博尔德作为随荷兰东印度军的医生来到了日本出岛。出岛是一座由幕府将军德川家光下令建造的扇形人工岛，用于给外国人居住，也是当时对西方开放的唯一窗口。彼时日本仍然奉行闭关锁国的政策，毫无疑问，这座岛被当地政府严密监控着。但这可不是西博尔德想要的，他对日本习俗、政治和自然博物都非常感兴趣，而且他雄心勃勃、渴望名利。

西博尔德最终还是获得了踏上日本国土的机会。医生这个职业为

▶ ▶ 虎杖的花

图片来源：Tomas Pocius/iNaturalist/CC 0

他提供了便利，他治愈了一个很有影响力的地方官员，逐渐获得了日本人的信任。他一方面在日本行医，另一方面与日本学者进行学术交流。在这个过程中，他收集了大量来自日本的物品和标本。他在日本生活得很好，甚至还有了一个女儿，直到1829年前后西博尔德因为将日本地图送往出岛一事而被逐出了日本。不过，在此之前，他已经做了很多工作。他被获准在日本国内生活，拥有一座很大的花园用来移栽植物，尽管日本禁止植物出口，但他还是把好几百个植物物种带到了西方。

回到西方后，西博尔德开始培育和出售从日本运回的植物，想来也是卖了不少虎杖。至少在1850年前后，西博尔德向英国发送了一包虎杖，这很可能是虎杖在英国扩散的开端。事实上，西博尔德对虎杖的印象颇好。在他1863年出版的著作《日本和中国常见植物和种子目录》（*Catalogue raisonné et prix-courant des plantes et graines du Japon et de la Chine*）中，

▶ ▶ 虎杖的叶子

图片来源：Tomas Pocius/iNaturalist/CC 0

西博尔德对虎杖大加赞美，称其为从日本引种的最重要的植物之一。在西博尔德眼中，虎杖充满了优点：有闪闪发光的漂亮叶子，花团也不难看，还能提供香甜的花蜜；可以用作牲畜饲料，根茎是药材，冬季死去的部分还可以用作柴火，简直"浑身都是宝"……生命力旺盛的虎杖可以快速成丛，用于保持水土、稳定沟壑和斜坡，还可以在铁路两侧种植，起到保护作用。

在虎杖被引入西方之后，享有"英国花园之父（Father of the English Flower Garden）"头衔的威廉·罗宾逊（William Robinson）可能对英国的虎杖泛滥问题负有重要责任，他几乎以一己之力改变了19世纪英国花园的布局风格。罗宾逊倡导将来自世界各国的耐寒植物引种到花园中，并且在不止一部图书中推介虎杖。在罗宾逊看来，在草坪、花园、林地或某个不起眼的地方种上几株虎杖会立刻增色不少，这些植物一年就可以长到两三米高，到了秋季还能开满淡黄色的小花，看上去既壮观又漂亮。

不过，到1884年他已经意识到了一些问题，在《花园》（The Garden）一书中他强调要把虎杖种到花园中央，而不是种在边缘，因为它们很快就会向外蔓延。它们生长得如此之快，会侵害弱小的植物。

1921年，罗宾逊对虎杖的热情进一步衰减，他也指出了更多的问题，其中之一便是，这种植物的种植远比清除要容易。而此时，英国已经遍布虎杖，它们就像恼人的杂草，越来越惹人头疼。

虎杖的生命力远远超出了英国早期园艺师的预期，这些像竹子一样分节的植物显然长速并不比竹子慢很多，它们的根茎在地下延伸，随时随地都会从土里冒出来。虎杖有可能从墙里冒出来，有可能从路上冒出来，它们会寻找那些水泥缝隙，然后一点点将缝隙扩大，最终形成巨大的植物丛。虎杖的出现大大压缩了英国本土植物的生存空间，也波及了本土动物，造成生物多样性的损失。

▶ ▶ 庭院中充斥的虎杖

图片来源：Fennell et al.,2008/PeerJ/CC BY 4.0

关于虎杖的另一个广泛的观点，就是它对建筑物的结构有很强的破坏力。但马克·芬内尔（Mark Fennell）等人近期开展的研究倾向于否认这个说法，他们认为虎杖对建筑物的影响至少不比其他植物大。芬内尔等人首先驳斥了虎杖会引起建筑地基沉降的说法。植物引起地基沉降的理论依据来自其根系从土壤中大量抽取水分，以致土壤压缩地表下沉。这需要满足两个条件，其一是植物要很耗水，其二是植物要很大。地表下沉在建筑物上的体现就是墙体断裂，出现纵向裂缝。通常来讲，满足这个条件的应该是高大的乔木，它们的树冠具有很强的蒸腾作用。虎杖虽然高大，但它们两三米的高度和乔木相比，就差得远了，体量也不够大。因此，在这一点上，虎杖的影响应该不

▶ ▶ 虎杖萌发的嫩芽
图片来源：Jay Solanki/iNaturalist/CC 0

如普通乔木。然后就是直接损害。植物的倾倒、树枝的脱落或延伸有可能对建筑物的结构造成直接破坏，但虎杖不够高也不够重，它们的地表部分每年都会枯死，既不能积累高度，也不能积累重量。毫无疑问，虎杖会破坏地砖，它们的根茎也可能会进入下水道等地下管道。但是，这种破坏力并未超过树木。经常从水泥裂缝中长出来的虎杖使人产生了它能够突破浇筑完好的水泥的错觉，但事实上，它们只是善于发现和利用这些裂缝，在缝隙处生长的其他植物也能做到同样的事情。综上所述，芬内尔等人认为，虽然虎杖对建筑物有影响，但其破坏力并未超过普通的乔木和灌木，也就不能判定它们对建筑物的结构具有很大的破坏力。

即便如此，它的小破坏也是不能否认的。而且，随时都有可能冒出来并长满院子的虎杖还是很恼人的，对不对？

这些植物甚至能够给人造成心理压力。有人看到自己屋子附近出

现了虎杖而备感焦虑，结果做出了极端的事情。想要彻底消灭它们非常困难，除非能把其地下部分完全摧毁。事实上，考虑到需要付出巨额的治理成本，英伦三岛目前在治理虎杖问题上虽偶有作为（比如释放寄生性木虱），但总体上处于一种躺平状态。

面对这种局面，有人提出了一个直击灵魂的问题：为什么虎杖在日本没有带来这么多麻烦？

下田美智子（Michiko Shimoda）和山崎典史（Norifumi Yamasaki）用了长达27页的论文来回答这个问题。尽管虎杖出现在日本的各种生态类型中，但它们总体上局限在阳光充足的地方，而来自本土高草、树木等植物的竞争压力阻止了虎杖长得过于高大，也阻止了它们占据更多的土地。在日本，留给虎杖的生长空间并不多，人们日常生活中的除草活动也限制了虎杖的生长。总的来看，西博尔德最初推荐虎杖时就是站在日本人的立场上的——虎杖方方面面都很有用，它们已经融入了日本人的生活，除了西博尔德提到的那些用途，人们还食用虎杖的嫩芽、嫩枝，甚至用它们给小孩子制作小玩具。然而，由于文化差异，虎杖的这些用途在西方却几乎没有意义。当被认为是一种有用的植物时，人们对它的容忍度才会提高很多。当然，最重要的是，在日本虎杖已经和当地居民、本土生态和平共处了很多年。

因此，判定一个物种是不是入侵物种或有害物种，需要将其放到具体的自然和人文环境中考量。显然，在日本，虎杖只是一个普通的本土物种，在东亚的其他地区也是如此。

漂亮的小彩龟

花卉的移植和贸易会带来物种入侵问题，动物宠物也是如此。巴西龟应该算是一个比较突出的案例。

这种龟严格来说应该被称为红耳龟（*Trachemys scripta elegans*），产于美国密西西比河至墨西哥湾地区，因头两侧有红斑而得名。巴西龟的名字和它的产地其实是错位的，主要是早期引进时的遗留问题所致。20 世纪 80 年代引种的时候，最先引进的其实是产自巴西、阿根廷、乌拉圭一带的南美彩龟（*Trachemys dorbigni*），也叫斑彩龟。但后来商人们发现北美的红耳龟引种成本更低，各方面和南美彩龟也都比较相似，就转而引进红耳龟，但龟的商品名称并未更换。

由于红耳龟生命力顽强、饲养容易、色彩艳丽、价格亲民，它们在很短的时间内就取代了花鸟虫鱼市场上本土龟类的位置，成为红极低端宠物市场的龟类"一哥"。与此同时，红耳龟的养殖场遍地开花，食用价值也得到了一定程度的开发。到 2010 年，从辽宁到广西，我国有 17 个省份建起了记录在案的红耳龟养殖场，其中仅浙江一省就达到了 26 个。而刘丹等人的实地调研则暗示着实际的养殖规模要大得多，有不少养殖场和个体户可能无法通过资料

▶ ▶ 头部两侧的红色斑块是它们的重要特征之一

图片来源：Richard Fuller/iNaturalist/CC 0

记录和信息查询到。当时国内每年约有 3 000 万只本土养殖的红耳龟上市，境外流入约有 800 万只，总数量为 4 000 万只左右。与此同时，被丢弃、释放和逃逸的红耳龟也快速进入了我们的生态系统。

作为被世界自然保护联盟认定的最具破坏力的入侵物种之一，杂食的红耳龟会给生态环境带来沉重的负担。它们性情凶悍，能吃很多东西，比如鱼、虾、螺、昆虫、蝌蚪、蛙、水生植物以及水域附近鸟巢中的卵和雏鸟——几乎是水域生态系统中的所有动植物。而且，红耳龟对本土水生龟类有强烈的竞争和排挤效果。红耳龟的繁殖力还很强，其四五岁达到性成熟，一年可以产卵 3~4 次，每次 3~19 枚，繁殖力是乌龟、黄喉拟水龟等本土龟类的好几倍。

▶ ▶　正在晒太阳的红耳龟
图片来源：Dario/iNaturalist/CC 0

▶ ▶　受到干扰的正在产卵的红耳龟，意大利
图片来源：Francesco Cecere/iNaturalist
/CC 0

随着红耳龟在水体中种群数量的增加，它还会给处于同一水体的本土龟类最后一击——杂交。龟类是比较容易发生杂交的类群，但在生物界的物种之间往往存在被称为"生殖隔离"的遗传屏障。在生

殖隔离的作用之下，不同物种的动物之间不能交配，或者交配之后无法产下可育的后代。比如，驴和马交配之后可以产生骡，但是骡没有繁殖力，不能再产生后代。红耳龟与本土龟之间就存在这种情况，它们可以交配，也有一定的概率产生杂种后代，但杂种后代没有生育能力。这意味着，不断扩大的红耳龟种群不仅在压缩本土龟的生存空间，也在稀释它们的繁殖力，其结果将导致本土龟类的灭绝。

事实上，国家林业局濒危野生动植物进出口管理办公室的一位官员早年就曾警告过："如果有一天我们在野外见到红耳龟，那中国的本土龟类就危险了！"

很不幸，他一语成谶！

截至 2011 年，北起辽宁南至海南和云南，我国 22 个省市的水域都发现了红耳龟野生种群。全国有 34 条河流和 20 个湖泊有红耳龟分布，其中长江、珠江、湘江、万泉河等尤为严重。据估计，我国野生红耳龟的数量可能已经超过了其原产地，成为世界上野生红耳龟数量最多的国家。而与此同时，我国本土龟类则急剧衰落。乌龟（*Mauremys reevesii*）曾是在我国分布范围最广、数量最多的硬壳龟类，以至于人们常以该物种的名字来代指所有的龟类。但遗憾的是，在原本应该分布着较多乌龟的地区，红耳龟却频繁出没并取而代之。此形势之恶劣，促使世界自然基金会与中国动物学会两栖爬行动物学分会联合发出呼吁，建议共同遏制红耳龟等外来两栖爬行物种在中国野生环境中的蔓延态势。

在造成红耳龟如此泛滥的原因中，不当放生具有不可推卸的责任。

▶ ▶ 水池中大大小小的红耳龟
图片来源：生活多美好/图虫创意

放生行为在我国具有悠久的历史，它以人们仁爱的朴素感情为基础，尽管这是我们民族的优秀品质，但善良与愚昧并不矛盾。我国民众的放生行为可以追溯到佛教传入我国之前。比如，《列子·说符》就记载了邯郸的赵简子元日（正月初一）放生的故事，彼时还是春秋时期，邯郸也还是诸侯国晋国治下的城市，但已经有了放生不如禁捕的先进观念。在后来的西汉，也有正月初一放生鸟类的习俗。

在道教崛起和佛教传入后，儒道佛三教在思想理念上存在一定的冲突，但在护生和放生的问题上态度是一致的，均为支持和提倡，民间也多有行动者。比如，北宋著名的思想家和改革家王安石就是一位从市场上买鱼再往江里放生的名人，他的政敌兼好友——大文豪苏轼也曾经在西湖搞过放生池。

在我国，还有很多与放生有关的故事和传说。脍炙人口的《白蛇传》在某种程度上就是一个关于放生和回报的故事，当然，它融合了更曲折的故事、更多的内涵和背景。值得一提的是，之所以将蛇作为主人公，是因为民间相信蛇是有"灵性"并且可以修炼的，属于五大地仙门派之一的柳门。陆上的动物可以修炼成妖，水里的动物则能修炼成精，龟鳖当属后者的主流门派之一。蒲松龄《聊斋志异》中的《八大王》也是一篇脍炙人口的放生故事：主人公冯生救了一只大鳖，后者为报恩借予他"鳖宝"，使冯生在三年内发家致富，跻身社会上层。事实上，蒲松龄写了不少与放生有关的故事，《聊斋志异》中有 20 多篇。

正是因为这种文化积淀和传统，护生和放生行为一直活跃于民间。当年王安石从市场上买的鱼很有可能是渔民从附近的江中捕获的，再放生回江中也许并无不妥，但我们今天菜市场里的鱼虾可就难说了。当今的时代已经不同，护生和放生行为需要科学地引导和规范。罗非鱼、革胡子鲇和小龙虾等都不是本土物种，将它们盲目放回生态系统中，是实打实地制造物种入侵事件。一旦这事涉及花鸟虫鱼市场，花样就更多了。红耳龟就属于这种情况，当然，因为它也可以食用，有些地方的菜市场说不定也能见到。

龟在民间被认为是具有灵性的动物，加上公众缺少生物安全意识，也区分不出本土物种和外来物种，价格亲民、供应充足的红耳龟自然成了放生的首选物种之一。一些地方的许愿池或放生池中，已然充满了红耳龟，公园的水体中也不能幸免。比如，2009 年《长江日报》报道，武汉归元禅寺清洗放生池，捞出了上千只红耳龟；在香港公园的池塘中，有人进行了实地统计，平均每 5 平方米就有一只红耳龟。

有一些比较功利的"刷分"式"积德"放生，甚至直接向水体中成批倾倒红耳龟。此类报道很多，比如，2018年《株洲日报》报道，民众自发组织向湘江成批放生红耳龟。红耳龟已然成为放生频率较高，又令各方有识之士格外担忧的动物之一。

▶ ▶ 放生的红耳龟，龟背上还留了名
图片来源：David Addis/iNaturalist/CC 0

事实上，直接接触红耳龟也不够安全，不管对于饲养者、销售者或购买者都是如此。养殖龟类携带副伤寒沙门菌的比例很高，尤其是幼龟，它们还会污染水体和岸边。沙门菌也被证明可以传播给人和鸟兽，美国每年约有1万到300万人受到感染，其中14%的病例是由龟类传播所致。

以上种种，从生态安全和人民健康的角度提醒我们，应该考虑收紧对红耳龟的进口和养殖政策。近年来，红耳龟也确实受到了比较强力的管控，花鸟虫鱼市场上巴西龟的数量有所减少，基层执法人员和市民对其入侵物种的本质也有了更多的了解，这是一个好的开始。

放生与护生

不只是巴西龟，现在有不少人在放生各种动物，一些放生活动相当盲目、混乱。还有一些人以为，放生可以消灾或治疗疾病，甚至会在"大仙"的指点下放生。只不过这些人是为了放生而放生，并不在意被放生动物的死活。于是，在一些地方出现了非常讽刺的场景，一边有人往河里倒鱼，一边有人趁机钓鱼、捞鱼，放生的人不闻不问，捞鱼的人兴致勃勃。此外，还有一些放生行为给他人造成了很大的困扰，比如放生蛇类。这类动物被认为有"灵性"，如果是毒蛇，据说积德"刷分"更快。2012 年 8 月，上海一码头惊现上百条在毒性上有争议的赤练蛇，引起船员和工人的恐慌；2015 年 10 月前后，广西柳州市都乐公园内频繁出现毒蛇，经查也是放生所致；2016 年 4 月，福建福州更是有人在小学附近放生眼镜蛇等剧毒蛇类……有人甚至专门做起了替人买毒蛇放生的行当，2016 年还有行内人因此丧命。

放生正在变成一门生意。

不当放生也已经成为一股拉动宠物和野生动物贩卖市场的力量。"没有买卖就没有杀害"的说法是有道理的，比如，原来没人捕捉喜鹊，但现在放生喜鹊的人多了，于是有了捕捉和贩卖喜鹊的行径。鸟类研究专家刘慧莉曾直言："大家每看到一只活的放生鸟，其背后是更多的尸体，这意味着在粘网上和在运输过程中，都有大量的鸟类死亡。有研究人员告诉我，1 只放生鸟背后是 20 具尸体。"

如此乱象，从普通百姓到宗教人士，恐怕都要看得眼皮直跳、心惊不已。2014 年，中国佛教协会和中国道教协会分别向信众发布了关于"慈悲护生、合理放生"的倡议书。在这两份倡议书中，有几个关键词指出了放生活动到底应该如何做，分别是"随缘"、"择物"和"择地"。我们不妨在此基础上，结合生态学的观点，进一步将其细化，说说什么样的放生是合适的。

放生是对动物的一种救助行为。其前提是先要遇到需要救助的动物，因此放生不能有功利心，不能为了放生而放生。一些组织群众进行的放生活动也许有一定的教育意义，但也值得商榷。许多人集中进行放生，老人、小孩人手一份，如此多的动物，其种类和来源本身就值得怀疑。更重要的是，用于放生的动物五花八门，其生理特征、行为方式、栖息特点、被救助时间等各不相同，却要选择在同一时间、同一地点放生，岂不怪哉？

而对放生种类来讲，养殖类动物和家养宠物要谨慎放生。一方面，它们很可能早已无法适应自然环境，放生相当于送死；另一方面，它们有可能对本土生态造成冲击。事实上，近年来很难治理的城市流浪动物的根源就在于弃养。出于同样的原因，栽培植物在移入自然环境时也需要三思而后行。

从科学的角度讲，放生和救助应该是关联在一起的，即先救助后放归。一个比较标准的流程应该是这样的：首先是动物的收治，在这个过程中要记录发现动物的时间、地点、过程等信息，然后对其进行初步的检查和评估，如果有伤害则需要进行治疗，待其康复后进行放归训练，达到放归标准后再选择合适的地点放归。放归地点应尽可能选在离发现地比较近的地方，如果原发现地的生态已经被破坏而不适合放归，则应选择相似的生境放归。需要特别指出的是，南北物种不能调换放生地点，比如，南方蛇类如果在北方放生可能会被冻死或造成环境危害。外来物种或非本土物种不应在本土自然环境中放生，如果是境外珍稀动物，则应该选择圈养或将其送回到原栖息地。需要注意的是，这里的本土并非以国界为标准，而是以自然边界进行区分。我国的国土幅员辽阔，物种的跨地区放生也可能会引发生物入侵事件。

放生的底线是，让动物活下去并且不会对生态造成损害。所以，放生之前，要搞清楚自己放生的是什么东西，了解它们的习性、生活环境，以及对本土环境会不会有破坏作用等，这是必不可少的基本功课。以此为前提，再慎重选择放生的时间、地点和环境，尽量将动物放回原栖息地，而且要认真考虑环境的承载力。

此外，还有一些救助方面的细节，希望与大家分享。

必须指出的是，在某些情况下，野生动物并不需要救助。比如，一些动物的幼崽很可能是在父母的监控下晃晃悠悠地探索世界，恰好遇到了你。你之所以看不到成年动物，可能是因为它们看到了你而不敢现身。如果你此时将幼兽抱走进行"救助"，就相当于明抢。而且，受限于救助者的救助能力，之后等待幼兽的很可能是死亡。事实上，哪怕将其送到相关的救助机构，它也未必能得到很好的照料。因此，遇到这种情况时，你首先应该确认亲兽是否就在附近。这时候，你应该站在足够远的距离进行观察，藏起来当然更好，看看亲兽是否会出现并将幼兽带走。需要注意的是，千万不要触摸幼兽。一方面是因为人兽之间有可能互相传染疾病，另一方面是因为一些野生动物对人的气味敏感，有可能造成亲兽不再接受幼兽。在多数情况下，亲兽都会出现，此时我们送上祝福并默默走开就好。

倘若你遇到从鸟巢中掉落的幼鸟，并且经观察确认成鸟确实没有能力将幼鸟带回巢中，在找到鸟巢的位置后，你可以将幼鸟放回鸟巢中。不到万不得已，不要尝试将野生动物的幼体带走，因为能将它们健康养大的人并不多。而且，将来你还有可能面临被养大的动物过分依赖人、缺乏野外生存能力而无法放归的问题。

对于受困的动物，要视情况进行救助。如果是大型动物，不管它们是否受伤，都建议联系森林公安或相关机构进行专业救助，至少要在专业人员的指导下进行救助。采取这一策略的主要原因是，防止在救助过程中对动物或救助人造成伤害。

如遇到非法盗猎等行为，在保证自身安全的前提下，要尽可能地保留证据，确认自身安全后直接报警。千万不要贸然行动，比如上前制止或理论等，很多盗猎分子都携带着致命性武器，贸然行动可能会给自己带来人身伤害。如果遇到盗猎鸟类等小型动物的陷阱（比如粘网等），为防止动物挣扎造成更大的伤害，可以在确认不法分子确实没有在现场后，报警并拍照或录像取证（包括宏观场景和细节照片），再进行解救。救助粘网上的鸟类时，可以轻轻握住鸟类，然后直接剪断网线，切忌用力扯拽，以防造成鸟类受伤。鸟类如未受伤，你可将其带离陷阱区域并轻轻置于地上，让其自行飞走。放生鸟类不要进行抛飞，这是人们很容易犯的错误。鸟类在非自主的飞行轨迹上极易发生坠落、碰撞等情况，以致造成伤害。

相比放生，护生更是大爱、大德。比如，在候鸟迁徙期间守护在其飞行迁徙的必经路线上，救助受伤的鸟儿，劝说、阻止和震慑那些出于各种原因想捕捉鸟儿的人。与其买鸟放生，不如去捕鸟的人群中传播鸟类保护的观念，帮助他们寻找其他致富门路。

你还可以更进一步，造林、护林，为动物创造栖息地，让它们世代繁衍，这样难道不比单纯放生要好？如果按积功德"刷分"，这类做法是不是能积攒更多功德分？如果有钱却没时间，我们可以雇人清理一下水体中的垃圾、塑料袋，让鱼、龟等水生动物少吞食一些，岂不比买来放生要好？换言之，即使少扔一些塑料袋之类的垃圾，也能让其他生物少受一点儿影响。若心中有真爱，又何必拘泥于形式呢？

第 4 章

**遇见绿色的
"荒漠"**

昆明棋盘山上的紫茎泽兰

图片来源：本书作者 摄

再见紫茎泽兰

在昆明的棋盘山顶，树木繁茂，绿草丛生，生态环境看起来挺不错的。我们正沿着道路前行，我一边闷头找蚂蚁，一边不时向周围打量。就是那么一瞬，我瞄到了一株熟悉的植物，它长有紫色的茎秆和舒展的叶子。我认识它，这种看起来并不难看甚至还有点儿漂亮的植物在《中国外来入侵植物名录》上赫然被列为1级恶性入侵种，它就是紫茎泽兰（*Ageratina adenophora*）。

我第一次听说紫茎泽兰的名字，是大学时代在吴岷教授开设的生物入侵主题的选修课上。吴老师的专业研究对象是蜗牛，前段时间我还见到过他写给自然爱好者的《常见蜗牛野外识别手册》，这是一本挺不错的书。大概就是从那时起，我开始关注入侵物种和生物入侵现象。后来，我还创办过一个关于入侵物种的科普网站。我毕业后拜访过吴老师一次，那时候他又升级了他的选修课讲义，看起来更棒了。他慷慨地将新课件的内容授权给我，用来制作网页版的讲义。但随着我的工作越来越忙，网站几乎不再更新，加上有不少更好的相关专题网站和资料库出现，这个网站继续做下去的意义已经不大，大约在 10 年前我选择关闭了它。但不管时光如何变迁，这种植物在我的头脑中始终留有深刻的印象，以至于后来几次相遇我几乎都是一眼就认出了它。至于昆明这次，我正好带着相机，就拍下了这张照片。

紫茎泽兰的原产地在中美洲，大致分布范围在墨西哥到哥斯达黎加一带。事实上，美洲大陆的热带和亚热带地区是紫茎泽兰所在的至少包含 197 个物种的假藿香蓟属（*Ageratina*）植物的主要原产地。这个属的名称有时候也被译为紫茎泽兰属，这说明了紫茎泽兰的名气之大，但它在亚洲、大洋洲和非洲造成了极大的危害。几乎和虎杖一样，紫茎泽兰第一次离开故乡也是被带往了英国，时间是在 1826 年，用途是作为观赏植物，很可能是作为壁炉装饰。大约在 1860 年，它被带到了夏威夷，1875 年到达澳大利亚。至少在 1924 年，它被正式记录入侵了印度，但真正的入侵时间也许还要早上 10 年左右，之后紫茎泽兰就在南亚至东南亚快速扩散。1940 年，我国勐海首先发现了紫茎泽兰，它们从缅甸穿越国界线侵入了我国云南。今天，紫茎泽兰广泛分布于我国的多个省份，比如云南、贵州、西藏、广西、台湾、湖北、四川等。

紫茎泽兰入侵的生态类型相当宽泛，自然草场可以，林地也可以；公路两旁可以，农田可以，居民区也可以。这些高度在几十厘米到两三米的家伙，正沿着河流、公路和铁路向外推进。

不过，紫茎泽兰远没有到达入侵的终点，从某种意义上说，它们的入侵还有很大的空间。紫茎泽兰喜欢湿润且相对温暖的环境，它们可耐受的最低温度为 −11.5℃，最高温度为 35℃。每株紫茎泽兰可以结籽数万粒，最多达10万粒，繁殖能力惊人。根据莫妮卡·帕佩斯（Monica Papes）和安德鲁·彼得森（Andrew T. Peterson）所做的模型预测，我国东部地区其实比西部地区更适合紫茎泽兰生长，而且其扩散范围可以达到较北的地区，比如甘肃、宁夏、陕西和河南等地具有极大的被入侵风险，辽宁和黑龙江甚至也都面临着风险。

▶ ▶ 庭院中的紫茎泽兰
图片来源：王鹏 摄

我们必须在风险地区加强对紫茎泽兰的监控，它们一旦入侵，就会带来不少麻烦。它们不仅会影响作物的生长，也会极大削弱农田等的土壤肥力。它们混杂在牧场中，会逐渐排除优良牧

▶ ▶ 紫茎泽兰的花序，紫茎泽兰属于菊科植物，每一朵花都是由很多小花组成的花序
图片来源：Ixitixel/Wikimedia Commons/ CC BY-SA 3.0

草，牲畜误食会引起中毒反应，特别是对马来说，有可能造成致命后果。夏威夷的"喘气病"（blowing disease）和澳大利亚的"那明巴病"（Numinbah disease）或"塔勒布格拉马疾"（Tollebudgera horse

▶ ▶ 林地中单一的紫茎泽兰种群。紫茎泽兰枯萎后干叶不会脱落且易燃，成片枯萎的
紫茎泽兰有可能引发严重的山火，它们一旦燃烧，就会点燃整片森林

图片来源：Jesse Rorabaugh/iNaturalist/CC 0

disease），都是由紫茎泽兰引起的马中毒症状。有时候，生活在长有
紫茎泽兰的草场上的马，需要经过若干年才会表现出明显的中毒症
状，包括咳嗽、呼吸困难和强烈的气喘，最终因伤及肺部造成水肿和
出血而死亡。

紫茎泽兰另一个引人关注的问题是它的化感作用（allelopathy）。
化感作用是指植物等生物向外界环境释放化感物质，对其他植物产生
有益或有害影响的作用方式。当然，紫茎泽兰发挥的不是有益作用，
而是将此作为它们扩张领地、排除异己的重要手段。这些化感物质
也许在原产地并不能造成太大的麻烦，因为经过漫长岁月的演化，
周围的植物早已适应了这种作用方式，释放化感物质的植物可能只

具有些许优势，甚至很可能是堪堪自保。但在新的环境里就不一样了。被入侵地的植物没有与入侵植物共同演化的经历，无法在短时间内适应入侵植物释放的化感物质，生存大受影响甚至会被排除出生态系统。

化感物质主要通过残骸分解、雨雾淋溶、根系分泌和自然挥发等方式被释放到生态系统中。在确认其作用效果时，一般是以一定浓度的化感植物提取液处理其他植物的种子、根系等来确认影响，看其会不会抑制种子的萌发或限制根系的生长。实验证实，紫茎泽兰的化感物质能够抑制豌豆、酸模等的生长，也会抑制旱稻种子的萌发和幼苗的生长。其中可能的化感物质至少被检出了一部分，包括羟基泽兰酮、邻苯二甲酸二丁酯、邻苯二甲酸二（2-乙基）己酯等。当然，其作用对象不仅限于具有经济或农业价值的植物，还有更多的植物深受其害。化感物质是紫茎泽兰破坏原本土壤生态的重要手段之一，看看那些被完全取代的植被和单一的紫茎泽兰种群，我们就能意识到这一点。而且，其本身的毒性也将大大限制以植物为食的昆虫、脊椎动物等的生存。

面对郁郁葱葱的紫茎泽兰丛，虽然满眼都是绿色，但那里却是生物多样性的荒漠，是绿色的沙漠。

缠绕的藤蔓

紫茎泽兰所在的菊科植物是产生化感作用的大户，这使得这类入侵植物常常对周围的本土植物具有额外的"攻击性"。之前提到

▶ ▶ 香泽兰也叫飞机草，很可能是对非
洲热带雨林影响最大的草本入侵物
种，目前已入侵我国南方多地
图片来源：Ashasathees/Wikimedia
Commons/Public Domain

的两种豚草如此，大名鼎鼎的飞机草（香泽兰，*Chromolaena odorata*）也是如此，这个名单还可以拉得更长，比如银胶菊（*Parthenium hysterophorus*）、藿香蓟（*Ageratum conyzoides*）、斑点矢车菊（*Centaurea maculosa*）、一年蓬（*Erigeron annuus*）等，对了，还有薇甘菊（*Mikania micrantha*）。

▶ ▶ 在我国南方某地泛滥的飞机草
图片来源：椿小姬 摄

▶ ▶ 一年蓬原产于墨西哥一带，1886 年首次在上海郊区被发现，目前已入侵我国南
北多地

图片来源：Valeri Golub/iNaturalist/CC 0

▶ ▶ 薇甘菊的花和叶子

图片来源：Ajit Ampalakkad/iNaturalist/CC 0

▶ ▶ 薇甘菊的花

图片来源：Ajit Ampalakkad/iNaturalist/CC 0

薇甘菊也被称为小花蔓泽兰，是一种多年生藤蔓植物，原产地也在中美洲地区。它是世界自然保护联盟认定的百种最具破坏力的入侵物种之一，当然，它也毫无疑问地被《中国外来入侵植物名录》收录为 1 级恶性入侵种。

薇甘菊的扩散能力非常强，它的种子可以随风飘散，茎节落地后也能生根并进行无性繁殖，被国外"誉"为"一分钟一英里草"（mile-a-minute weed），可见其扩散之迅猛。薇甘菊入侵我国的历史至少可以追溯到 1884 年在香港动植物公园采集的标本，其在香港有记录的扩散不晚于 1919 年，而到 20 世纪五六十年代，薇甘菊已经在香港形成规模。20 世纪 70 年代，台湾地区出现了一个不太靠谱的记录，即薇甘菊被引入用于保持水土——这个操作太过于奇幻了。大陆地区于 1984 年首先在深圳银湖地区发现了薇甘菊，20 世纪 90 年代后期薇甘菊在深圳泛滥成灾。

东北林业大学的祖元刚、张衷华等人发现，对于不同年龄的薇甘菊，其茎的横截面在显微镜下呈现出不同的构造。基于此，我们可以判定薇甘菊不同种群的大致年龄。张衷华利用这一方法并结合其他调研手段，大致推测出了薇甘菊在深圳最初的扩散过程。

其中一个关键事件可能是1991年当地两个主题公园的建立。在这个过程中，从香港引种花卉时无意中携带了薇甘菊的种子。这几乎是无法避免的事情。不过公园的管理还算不错，薇甘菊并没有在园内暴发。但公园围栏附近却有少量薇甘菊得以幸存，墙外是公路和大海，它们只能沿着围栏传播。1998年，薇甘菊迎来了生存的转机。深圳如火如荼的填海工程影响到了这里，修筑拦海大坝后，红树林中的

▶ ▶ 缠绕在广州供电设施上的薇甘菊，很容易造成事故
图片来源：刘彦鸣　摄

海水退去，露出了肥沃、潮湿的泥地。围栏上的薇甘菊种子借助风力传播和人的偶然携带迅速在这里扩散，它们攀上红树林的顶端，将其覆盖，最终导致了红树林的重大损失。

它们在红树林区站稳脚跟后，通过风力和人为的无意识传播，在邻近的空地形成了小规模种群。之后，它们进一步扩散至后来兴建的垃圾场……到2000年前后，薇甘菊已经成为国内学者们必须认真关注的入侵物种了。现在，它是珠江三角洲地区广泛分布的入侵物种。

作为藤本植物，薇甘菊相较树木具有天然优势。它们可以通过缠绕迅速抬高自己的位置，而不需要投入很多营养，它们把营养和能量最大限度地用于快速生长，嫩茎一天最快可伸长20厘米。薇甘菊的单个茎节每年可再萌生约155个茎节，每年生长的长度合计为1 100米左右。这是一种可怕的阳光竞争策略，薇甘菊在植物顶层迅速扩

▶ ▶ 覆盖在树上的大丛薇甘菊
图片来源：Lin Scott/iNaturalist/CC BY

▶ ▶ 覆盖在植被上的大丛薇甘菊

图片来源：Lin Scott/iNaturalist/CC BY

张，10厘米或更厚的覆盖层会导致被覆盖的植物因为缺乏阳光、无法进行足够的光合作用而被"饿"死。

此外，薇甘菊强大的繁殖力也促进了它们的迅速扩张，在1/4平方米的样方面积内统计得到头状花序20 535到50 297个，小花约有8万到20万朵。基于此，一大片薇甘菊结籽后随风飘散的传播面积可想而知。

除了这种疯狂的扩散、生长、缠绕和覆盖，薇甘菊的另一大武器就是其化感作用。多个研究显示，薇甘菊对多种农作物和本土植物的生长具有明显的抑制作用。之前人们认为薇甘菊的化感物质应该是倍半萜类，比如薇甘菊内酯、双氢薇甘菊内酯和去氧薇甘菊内酯等，但后续的研究表明其化感物质可能不止于此，而是多样化的。比如，王建国等人分离得到了具有抑制活性的阿魏酸和绿原酸，黄红娟等人的研究也找到了新的化感物质。

有意思的是，徐高峰等人还报道过薇甘菊的化感物质的自毒作用。自毒作用是指植物释放的化感物质对自身和同种植物都具有抑制作用，比如斑点矢车菊的化感物质儿茶素能抑制自身种子的萌发速率。薇甘菊也是如此，其提取物对幼苗生长具有明显的抑制作用，效果以茎叶提取物最为显著，这也与其化感物质主要存在于地上部分的结论相印证。自毒作用是一种调节模式，可以防止种群内部密度过大、竞争过于激烈。薇甘菊释放的化学物质对昆虫具有趋避作用和毒性，可以防止昆虫取食和产卵。

得益于此，薇甘菊如浪潮一般席卷了邻近的本土植被，对各种灌木和较为低矮的乔木的危害尤为严重。徐海根等人的《中国外来入侵物种编目》曾记载了广东省内伶仃岛—福田国家级自然保护区被薇甘菊严重入侵的情况，全岛 468 公顷的乔木和灌木林有 60% 被薇甘菊覆盖，致使不少树木枯死，其中 7 公顷林木完全被摧毁，退化成草丛（今天那里已经得到了一定程度的治理）。

与薇甘菊快速扩散和制造绿色荒漠相对应的是，它们的清除非常困难，是一个世界性难题。一方面是因为可以抽调的用于防控的人力、物力和财力有限，另一方面是因为薇甘菊强大的繁殖力和传播力。人工清除和化学防治是传统治理手段，后者主要使用除草剂类药品。但除草剂的问题在于容易污染土壤，并且对伴生的本土植物造成影响。比如，75% 的甲嘧磺隆可湿性粉剂（森草净）在清除薇甘菊的同时对盐肤木、毛桐、楤木等杀伤力极大，芒萁、芒草、悬钩子等植物也会受到较大影响。因此，化学防治需要控制使用规模和场景，只在情况严重时才能动用。

　　基于生态学和生物学理念的治理方法，近年来也被寄予厚望。当然，最理想的状态就是创造一个根本不适合薇甘菊生存的环境，那样就不用担心薇甘菊入侵了。事实上，哪怕在薇甘菊肆虐的地区，那些非常茂密的树林也很难被入侵。在森林结构调查中，有一个被称为"郁闭度"的指标可以反映森林的茂密程度。这个数值是用树冠层的垂直投影面积除以土地面积计算得到的，最大不会超过100%。100%表示树冠层可以遮蔽所有阳光，而地面上连一缕阳光投射产生的光斑都没有。当郁闭度大于70%时，薇甘菊就会难以生存，也就不会对周

围的植物造成危害。

这个规律对相当多的入侵植物都有效，其中暗含着一个基本逻辑：绝大多数植物都要通过光合作用获得营养。入侵植物也不例外，倘若它们生长迅速，那必然需要更多的光照。但快速生长的优势会在森林的高郁闭度下受阻，致使它们无法获得足够的光照，而当营养的消耗大于营养的获取时，它们只会衰亡。针对薇甘菊的人工速效郁闭及其遮阴控制技术就是基于此研发的，该技术利用人工的遮光网和遮光膜模拟森林的郁闭效果，以达到除去薇甘菊的目的。

构建高郁闭度森林的生态防治方法在开阔地和城市等环境中并不适用，但生物防治手段仍然可以在一定程度上起到限制入侵植物扩散的作用，其中比较引人注目的是菟丝子。菟丝子是旋花科植物，也是一类很特殊的寄生植物，它们的植株内少有或缺乏叶绿体，初生根在种子萌发早期会承担吸收水和无机盐的功能，之后即退化。由于基本不能进行光合作用，菟丝子的营养几乎完全来自寄主植物，它们缠绕在寄主植物身上，通过吸器与寄主植物连通，直接获取营养。在这个过程中，菟丝子与寄主植物之间可以发生物质交流甚至相互调控。一棵菟丝子甚至可以同时寄生邻近的几棵植物，使这些植物形成一个联合体，比如，一棵植物受到昆虫侵袭时，其他植物也会产生抗虫反应。当然，菟丝子做的这一切都是为了它自身的寄生生活，而寄主的生活因为大量营养被剥夺而变得艰难，甚至因此死亡。报道过的被菟丝子寄生的入侵植物至少包含紫茎泽兰、豚草、黄顶菊（*Flaveria bidentis*）、三叶鬼针草（*Bidens pilosa*）、一年蓬、三裂叶蟛蜞菊（*Sphagneticola trilobata*）、土荆芥（*Dysphania ambrosioides*）、加拿大一枝黄花（*Solidago canadensis*）等，薇甘菊也是这些寄主中的一员。其中，中国菟丝子（*Cuscuta chinensis*）、田野菟丝子（*Cuscuta campestris*）、日本菟丝子（*Cuscuta japonica*）、南方菟丝子（*Cuscuta australis*）、大花菟丝子（*Cuscuta reflexa*）都曾被记录过对薇甘菊有控制作用，并且它们都是本土植物——菟丝子的种类很多，引入非本土的菟丝子是有生物入侵风险的，我们不能寄希望于用入侵生物打败入侵生物。虽然名字中带有"日本"二字，但日本菟丝子确实是我国的本土植物，也叫金灯藤。

目前，已经有一些地方在实践用菟丝子控制薇甘菊的方法。但这种方法也是有风险的，菟丝子会寄生在多种植物上，不仅会威胁其他本土植物，而且有可能产生农业危害，在使用菟丝子时需要进行规划和限制规模。此外，要选择合适的物种。根据张付斗等人在云南的工作，选择中国菟丝子的防控效果较好，生态风险较低。

除此以外，还有一些其他生物防治的思路，比如以取食薇甘菊为主的昆虫薇甘菊颈盲蝽（*Pachypeltis micranthus*），还有一些侵染薇甘菊的病原微生物等。此外，也可以通过竞争性植物对薇甘菊进行防控，比如吸收养分的能力强于薇甘菊的甘薯。

不过，由于薇甘菊的防控难度很大，可能需要同时使用多种手段进行综合防治，才能取得比较好的效果。

摇曳的牵牛花

9月，正是牵牛花在华北平原盛开的时节，它们缠绕在篱笆上、院墙上、树木上，或者干脆匍匐于山间野地的杂草里，开出一朵朵紫色或粉红色的漂亮花朵。这些花朵就像一个个小喇叭，昭示着它们作为旋花科植物的身份，牵牛花也因此被称为喇叭花。看着这些漂亮的花朵，长久以来我都认为它们给秋季增色不少，直到我意识到它们并非本土植物。

当然，在我国也是有本土旋花科植物的，比如前文中提到的一些菟丝子，最知名的大概就是李天芳的散文名作《打碗碗花》中的那种植物了，其原型可能是打碗花（*Calystegia hederacea*）或田旋花（*Convolvulus arvensis*）之类的田野小花。这篇优美的散文最初发表在1980年的《散文》杂志上，曾被收录到小学语文课本中，是我上学期间印象最深刻的课文之一。不过这篇文章后来遭遇的事情不少，牵涉我国首例教材著作权纠纷案——出版社使用了文章，据说未署名，未联系作者，也不曾支付稿酬。这里面也许有历史原因，但不给原作者署名的做法还是很难说得过去的。其结果是，出版社被判赔付作者一笔钱，文章随后也被撤出了课本。我个人觉得有点儿可惜。从科普的角度说，至少它比蚂蚁搬家预示着要下雨、刺猬把果子插在背上搬走之类的奇怪说法，要更有意义。事隔多年，这篇文章又入选了上海小学语文教材，但使用过程中因为一点儿改动而引起了"姥姥"与"外婆"哪个才是正统称谓之争。

▶ ▶ 草丛间的打碗花

图片来源：本书作者　摄

如此种种，足见这篇文章的影响力之大。如果将来你在田边遇到了略像牵牛花的打碗花，不妨仔细观察一下，看看它们与牵牛花有什么不同。

至于真正的牵牛花，在我国最常见的有圆叶牵牛（*Ipomoea purpurea*）和裂叶牵牛（*Ipomoea nil*）两种。过去还有一个种名直接叫牵牛（*Pharbitis nil*）的"正牌"物种和裂叶牵牛（*Pharbitis hederacea*）并列；今天，它们的分类地位已然发生变化，不仅学名变更了，两种牵牛也被确认为同一物种，都是裂叶牵牛。事实上，还有人认为圆叶牵牛和裂叶牵牛也是同一物种，只不过是两个不同的生态型。我们眼下还按圆叶牵牛和裂叶牵牛两个物种处理，而且它们很容易区分：裂叶牵牛的叶子中间通常有凹陷，把叶片分成相连的三部分，呈掌形，而圆叶牵牛的叶子比较接近桃形或心形。

▶ ▶ 盛开的裂叶牵牛

图片来源：本书作者 摄

▶ ▶ 粉色型圆叶牵牛

图片来源：本书作者 摄

两种牵牛花看起来柔弱而美丽，但在《中国外来入侵植物名录》中，裂叶牵牛被归类为2级严重入侵种，圆叶牵牛则被归类为1级恶性入侵种，后者与豚草、薇甘菊、紫茎泽兰等大名鼎鼎的入侵物种同级。这是不是让你倍感意外？

　　一开始我也不太理解，直到我看到一片野地。这片野地离我家很近，最近一两年我几乎每天都要路经这里。2021年，整片地都覆盖着正在开花的圆叶牵牛，它们与葎草纠缠在一起，不但不落下风，甚至还占了上风。而前一年，这里几乎完全是葎草的天下。

▶ ▶　开满圆叶牵牛花的野地
　　图片来源：本书作者　摄

　　葎草是什么植物？它恐怕是华北地区最像入侵植物的本土植物了。我们当地的方言管它们叫"拉巴蔓子"，这种藤蔓植物的茎上有

短而细密的小刺，其作用有点儿像
锯子，一旦人与它们摩擦接触，就
会在皮肤上留下浅浅的割痕。因
此，大家走在野地或山间时都会躲
着葎草。在盛夏时节，葎草长势兴
盛，它们攀上植物，几乎完全覆盖
了路边和野地。在野草中，葎草称
得上无敌的存在。

然而，在葎草的传统势力范围
内，圆叶牵牛却成功侵入了这片不
曾被人为干预的野地，足见其生存
力和战斗力之强大。在这里，它们
生长得非常好，藤蔓健壮，一些叶
子甚至有手掌那么大。

圆叶牵牛和裂叶牵牛的原产
地当然不在我国，而是在美洲热带
地区。1890 年我国就有了栽培圆
叶牵牛的记录，裂叶牵牛也是在近
代引进的，都是用作观赏植物。然
而，它们后来逃逸到了野外。今天
它们分布在我国的很多地区，成为
野外常见的杂草。

作为藤本植物，牵牛花攀爬和

▶ ▶ 葎草的叶子和花序，在秋季，葎
草的花粉也是主要的致敏原
图片来源：本书作者　摄

▶ ▶ 覆盖地面和攀缘树木的葎草
图片来源：本书作者　摄

▶ ▶ 　和葎草纠缠在一起的圆叶牵牛
图片来源：本书作者　摄

依附其他植物，在结构支持方面的营养投入较小，而把营养和能量最大限度地用于快速生长。同时，牵牛花的叶子与寄主植物争夺阳光，根系与寄主植物争夺水和氮磷等营养，严重地影响寄主植物的生长。其不仅会破坏本土植物生态，也会影响农业生产。作为大豆、棉花、高粱、玉米地里的重要杂草，圆叶牵牛在每平方米 2~8 株的密度下可使大豆减产 25%~43%，与干旱共同作用时，可使玉米生物量减少 71%、大豆生物量减少 79%。

和同为藤蔓植物的薇甘菊类似，圆叶牵牛很可能对本土植物具有化感作用。衡水学院生命科学学院的高汝勇老师及其同事曾经做过一些研究，结果显示圆叶牵牛浸提液能够影响白菜、小麦、野大豆等的种子萌发，不同浓度浸提液对同种被实验植物的作用效果还有变化，比如，对野大豆在低浓度下有促进作用，而在高浓度下则有抑制作用。但这种化感特征本身、牵牛与本土植物之间的相互作用关系，以及牵牛对生态系统的影响还有待进一步研究和确认。

今天，由于牵牛已经深

▶ ▶ 　圆叶牵牛硕大的叶子
图片来源：本书作者　摄

▶ ▶ 　圆叶牵牛的缠绕导致植株弯曲

　　图片来源：本书作者　摄

度侵入我们的环境，我们随时有可能在山间、野地和路边看到它们。如果你身在野外遇到了圆叶牵牛且时间允许，你可以稍微驻足，在不损伤寄主植物的前提下，"残忍"地处理掉这份美丽，这对保护本土生态是件好事。

牵牛与垂直绿化

在相当长的时间内，我们都没有意识到牵牛花尤其是圆叶牵牛可能带来的生态威胁。2002年，有一篇名为《垂直绿化的优良花卉——牵牛花》的文章在绿化专业方向的期刊上发表，甚至对其进行了推介，其中不仅提到了裂叶牵牛，也提到了圆叶牵牛。作为一本面向相对专业人群的刊物，从作者到编辑都没有意识到问题所在，就很值得深思了。这至少表明在一定的历史时期和地理范围内，这种观点是可接受的，并且可能造成一定的影响。当然，我们没必要苛责于此。我们认识事物是一个循序渐进的过程，对物种和生态环境的了解也是逐步深化的，那篇文章也不可能带有主观恶意。至于垂直绿化本身，当然不是坏事。就像今天我写的这本书，也许在未来看会有很多错误，但它在当下至少是有积极意义的。过于纠结于过去，反倒不利于我们改变当下。

事实上，在牵牛花与园艺的问题上，还有更多的历史纠葛和疑点。这主要集中在裂叶牵牛身上，也让我非常纠结。当然，这种纠结与圆叶牵牛无关，它们的危害巨大，不仅危害评级高，也赫然出现在环境保护部与中科院共同发布的《中国外来入侵物种名单（第三批）》

中，没有任何讨论的余地，也绝不应该出现在任何开放的绿化场景中。但是，裂叶牵牛进入我国的情况比较复杂，它们到来的时间和方式有疑点，很可能多次来到我国，并且时间跨度有点儿大。

按照目前学界达成的共识，不管是曾经的牵牛，还是现在的裂叶牵牛和圆叶牵牛，它们的家乡都在美洲大陆。我国有相当多来自美洲大陆的入侵植物，事实上，从某种程度上说，我国的入侵植物中有极大一部分来自美洲，它们都是在15世纪欧洲地理大发现（以哥伦布发现美洲为代表）之后进入我国的。源自中美洲的圆叶牵牛也是如此，其传播路线可以明确地通过文献和标本记录追踪到，它们进入欧洲的时间甚至可能早于入侵北美南部的时间。但是，古代的牵牛似乎不是这样的，我国的古人就和牵牛有过接触，并且有文字记录。比如，汉代的《名医别录》记载了牵牛子可入药，宋代陈宗远也曾作诗《牵牛花》：

绿蔓如藤不用栽，淡青花绕竹篱开。

披衣向晓还堪爱，忽见蜻蜓带露来。

类似的诗句还有很多，杨万里曾作诗《牵牛花三首》，"素罗笠顶碧罗檐，晚卸蓝裳著茜衫"描述的正是一些裂叶牵牛品系能变色的特点。

但是，杨万里生活的年代远在哥伦布之前，前后相差好几百年，所以那时牵牛的来源不可能和欧洲地理大发现有关。我一度怀疑古代牵牛和后来我们所说的牵牛不是同一物种，前者可能是我国的其他本土旋花科植物，只是后来在名称上被这种入侵植物鸠占鹊巢了。但后来的一些线索显示，古代牵牛极有可能就是现代牵牛，而且当时的描述也有一点儿入侵物种的味道。不光陈宗远在诗中说它们"不用栽",南宋将领刘锜还有词《鹧鸪天·竹引牵牛花满街》,他当时遇到的大概也是个大场面。

日本是牵牛品系培育技术很发达的国家,牵牛的日文是"朝颜",西方对牵牛的称呼"Japanese morning glory"(日本清晨的灿烂)也来源于此。今天,日本有超过 1 500 个牵牛栽培品系。但是,根据日本方面的记载和说法,他们的牵牛最初是来自中国唐朝的。若真如此,就至少有上千年的历史了。分子生物学的一些研究也提供了古代牵牛从美洲到非洲再到亚洲的传播路线,这意味着裂叶牵牛这个物种至少分两波进入我国:一波是裂叶牵牛的古代分支,一波是地理大发现之后的裂叶牵牛。

而古代的这一波,显得尤为扑朔迷离。对此,丹尼尔·奥斯汀(D. F. Austin)等归纳了 4 个观点,但每个都存在缺陷。第一个观点认为长距离迁徙的动物携带了牵牛的种子,但想不出可能的动物。第二个观点认为牵牛是随前哥伦布时代人类的流动而传播的,同属的甘薯(*lpomoea batatas*)就是在欧洲人抵达之前从美洲传到太平洋群岛波利尼西亚的,古人不仅会携带粮食作物,也可能会带点儿别的,比如牵牛,但这个说法并没有被当今学者接受。第三个观点认为古代牵牛其实不是现代牵牛,而是一种类似的亚洲本土植物。变色牵牛(*Ipomoea indica*)可能是最匹配的物种,但其特征仍然与某些文献的记录有些许出入,而且变色牵牛的结籽量很低,可能不太适合药用。更重要的是,近年来学界更倾向于认为变色牵牛同样来自美洲地区,其拉丁名的种小名"*indica*"不是指印度,而是指印第安。第四个观点则认为牵牛就是在哥伦布时代之后引入的，之前的一些记载存在问题，但这明显与亚洲各国的记录相冲突。看来，古代牵牛的来源仍需要更多的研究来确认。

考虑到古代牵牛已经和我们的文化、历史有了一些纠缠，并且我们已经培育出了相当多的人工品系，我个人的观点是：园艺中仍可以使用牵牛的人工品系，但要防止其逃逸，而且圆叶牵牛必须从园艺中移除，野生的裂叶牵牛和圆叶牵牛等也应该及时从生态系统中清除。

事实上，在垂直绿化方面，我还是建议更多地使用本土物种。垂直绿化当然是值得鼓励的。在城市中，绿化植物可以吸附粉尘，更新和净化墙体附近的空气，也能够减少强光和紫外线并降低夏日的墙体温度。据估计，将一栋五层楼的墙体绿化，其绿化面积可达建筑占地面积

▶ ▶ 　变色牵牛
图片来源：viridian/iNaturalist/CC 0

▶ ▶ 　另一种旋花科入侵植物——五爪金龙
图片来源：椿小姬　摄

的3倍多。在山地和丘陵，垂直绿化具有生态修复和保持水土的作用。此外，绿化本身还有观赏作用。

垂直绿化现在的问题主要是使用了太多的非本土植物，以华北地区为例，五叶地锦（*Parthenocissus quinquefolia*）就很常见。它们也被称为五叶爬山虎，来自北美东部地区，在《中国外来入侵植物名录》中被评估为有待观察的物种。不过，这种植物在人工环境下长势也是比较迅猛的，其生态影响还需要进一步确认。

我们没有适于垂直绿化的本土藤蔓植物吗？我们的本土植物不够好吗？我想答案必然是否定的。我国有1 000多种可栽培利用的藤本植物，比如我国原产的爬墙虎等。当然，我国近现代园艺起步较晚，尽管本土植物的应用和开发已经有了不少探索，但仍有很大的提升空间。我们也要防止因此引发的对野生植物资源的过度开发或破坏式索取，更要严防那些以人工培育为名实则滥采野生植物出售的行为。

培育乡土植物用于绿化有一个巨大的好处，就是能够为本土动物提供栖息地，特别是本土的昆虫。然而，

▶▶ 攀爬和缠绕到树冠上的五叶地锦
图片来源：本书作者 摄

▶ ▶ 薄雾中，被五叶地锦完全覆盖的绿化植被

图片来源：本书作者　摄

▶ ▶ 本土藤蔓植物绣球藤（*Clematis montana*）的花虽淡雅但形成规模后也蔚为
壮观

图片来源：Giuseppe/iNaturalist/CC BY

▶ ▶ 本土植物网络鸡血藤（*Millettia reticulata*）也叫网络崖豆藤，可用作藤架植物
图片来源：Diana Foreman/iNaturalist/CC 0

这对于传统的园艺观念来说却是一个巨大的缺陷。相比之下，缺少天敌的外来植物物种很少生虫，不需要打药，反倒变成了园艺优势。但是，一个真正的生态系统从来都是各种生物相互关联的，一个真正稳定的生态系统多数时候也不用担心害虫的暴发。

我曾经到访过某个植物公园，乍一看园艺做得似乎不错。只是虽有那么多植物，我却几乎看不到虫，连蚂蚁也是偶然可见。这让我感到了恐怖，赶忙逃离了那里。我们应该转变园艺意识，认识到虫与植物本就相伴而生，它们都是本土生物多样性的一部分。我们要把昆虫和植物当作园艺生活的一部分，只要不是昆虫过度暴发，就没有必要喷杀虫剂。不要害怕并消灭本土昆虫，如果你试着像法布尔一样去观察和欣赏周围的昆虫，也许你的生活会变得更充实、有趣。

第 5 章

角落里的
"小强"们

▶ ▶ 夜晚活动的美洲大蠊

图片来源：Jade Fortnash/iNaturalist/CC 0

开灯睡觉的一晚

春末的某个晚上，我们一行人风尘仆仆地入住了南方的一家宾馆。为了不让负责接待的朋友无意间看到本书后陷入尴尬，请允许我隐去这个故事发生的具体时间和地点。事实上，这是一家条件还不错的宾馆，大堂很气派，房间也很宽敞，我独享一张大床。

只不过，问题就出在这张床上。

当我拖着疲惫的身子冲完澡，正要睡觉时，就看见枕头旁边，在床头和床体的黑暗缝隙里，伸出了一对长长的触角，还露出了一个小脑袋，就像齐天大圣头上的两根长翎一样微微摆动。我顺着"大圣"的头往阴影中望去，好家伙，是一只硕大的蟑螂！

哪怕我有点儿昆虫学的背景，遇到这种场面，也有点儿不淡定了。

我决定试着抓住它。

我打算用手去捏住它的触角，把它拎出来处理掉。

然而，现实比想象残酷多了。这家伙只往后移动了不到半厘米，就完全缩进缝隙里，我的手根本伸不进去。我和它就这样大眼瞪小眼，陷入了僵持状态。

那一刻，我有点儿想联系前台换房，但想想时间太晚了，就不愿折腾了。更关键的是，倘若一个宾馆出现了蟑螂，就绝不会是一间客房的孤立事件，所以换房没有意义。难道三更半夜的，我还能叫上同伴重新找旅店吗？我要置接待方的颜面于何地？还是忍了吧。

但是，关灯睡觉时，内心仍然很纠结。既然知道了这里有蟑螂，觉就很难睡踏实了。更何况我睡熟了还有打呼噜的毛病，如果有只蟑螂跑到我嘴里，估计我也不会知道。请不要笑，我当时真是这样想的。

不过，作为一个了解昆虫的人，我很快有了对策。蟑螂这类昆虫有个很明显的习性，那就是避光性。也就是说，它们不喜欢在强光下活动。于是，我把卧室的灯全都打开了，然后倒在床上蒙头大睡。可能由于身体非常疲乏，我这一觉睡得很香甜，至于其间有没有吞下蟑螂，谁知道呢？（后来我真的在清醒状态下尝到了这些家伙的汁水的味道。我曾拔过一颗智齿，那是一颗横向生长的牙齿，状况真是糟透了。我的主治医生花了一个多小时，在动用了凿子和锤子后，终于帮我解决了它。每每想起这事，我的脑子里还会响起锤子敲击凿子的声音……医生给我开了一瓶漱口水，说是有助于伤口恢复。我回家以后认真看了它的成分，竟然是这种虫子的提取液！但是，我还是乖乖用它漱了一个星期的口。作为半吊子昆虫学家，我对这事也没那么抗拒。我很熟悉烘焙昆虫的味道，和其他昆虫差不多，制成汁水后并非难以下咽，但显然也不算可口。）

次日清晨，临走之际，我趁着大家都在大厅无人注意的时候，小声提醒了前台关于房间有蟑螂的事情，对方自然是连声道歉和致谢，至于后来他们到底有没有治理，那就不知道了。

我遇到的这种蟑螂，通常被称为美洲大蠊（*Periplaneta americana*），差不多是蟑螂中体型最大的，是南方城市家庭中最常见的害虫之一，也是入侵物种。但它的原产地不是美洲，而极有可能是在非洲或南亚的热带地区，目前认为是非洲的观点占主流，在非洲南部和西部的热带地区还可以找到美洲大蠊的野生种群。不过，毫无疑问，它们很早就在美洲安了家，那里也成为它们向世界各地扩散的重要站点。

▶ ▶ 善于躲藏在角落里的美洲大蠊
图片来源：Richard Fuller/iNaturalist/CC 0

美洲大蠊过去也被称为"船蟑螂（ship cockroach）"，这说明它和船队之间具有密切的关系。1945年，詹姆斯·瑞恩（James Rehn）曾提出假说，他认为美洲大蠊是随着黑人奴隶贸易的某条航线从非洲西海岸到达美洲和世界其他地方的。但在威廉·贝尔（William D. Bell）引用的一则私人通讯里，提到了1625年在美洲收集的美洲大蠊样本。虽然黑人奴隶贸易的历史更久远，但这个时间记录仍比那条航线的开辟记录要早，这就意味着，要么在更早的时候美洲大蠊已经通过其他路线入侵了美洲，要么这条贸易路线的开辟时间比之前认为的更早。尽管美洲大蠊最初的扩散路线比较模糊，但不管怎么说，它的原产地

▶ ▶ 处于不同发育阶段的大大小小的美洲大蠊
图片来源：laiet17/iNaturalist/CC 0

确实不在美洲，包括它的近缘种属在美洲也都没有分布。

在我国，美洲大蠊入侵的历史也很难确认，该物种被收录在了《中国自然生态系统外来入侵物种名单（第四批）》中。作为一种室内害虫，美洲大蠊带来的最直接的麻烦就是让人的身心在极短的时间内变得不太愉悦，特别是当你躺在床上休息时却不知道它们什么时候会爬到你的身上、钻进你的衣服和书包，或者偷吃你的食物和储粮，等等。当然，毫无疑问的是，它们有可能携带病菌，比如绿脓杆菌、变形杆菌、沙门菌、志贺菌属、伤寒沙门菌及寄生虫卵。即使你称之为"爬行的苍蝇"，那也不为过。

不过，蟑螂的行踪要比苍蝇隐蔽得多。它们与我们的活动时间几乎不重叠。因此，它们往往会在入侵你家很久之后，才会因为一些偶然的事件与你相遇。有个很有道理的说法是，倘若你在家里发现了一只蟑螂，那就意味着你的家里已经有了一群蟑螂。当然，它们的社会性其实并不太强。

这些蟑螂是从哪里来到你家的？也许是随某个物品被携带进入，也许是通过门窗的缝隙等从邻居家或环境中来。总体来说，建筑物越久远、居住的时间越长、居住的人员越多越杂，蟑螂出现的概率就越大。当然，也与居住环境的整洁程度有关。与那些在野外大肆扩张的入侵物种不同，这些室内入侵物种在野外的生存状况并不好，它们依附于人的居住环境，人口越多，它们的生活就越滋润。

更小更强的"小强"

近年来，另一种蟑螂——德国小蠊（*Blattella germanica*）在我国快速扩张。德国小蠊在体型上比美洲大蠊小很多，它们虽然都是蟑螂类，但亲缘关系还是有点儿距离的。严格来讲，蟑螂应该是指蜚蠊类昆虫，在分类学上属于昆虫纲蜚蠊目，种类繁多，我国也有不少本土物种。在所有可以被明确地称为蟑螂的昆虫中，有大约不到1%，也就是不到40个物种，是生活在人类住所中的。目前在我们家里闹得很凶的那几种，其中多数都不是本土物种。

德国小蠊的来源问题可能比美洲大蠊还要扑朔迷离，以至于迄今为止生物学家都没有在野外找到德国小蠊的种群，这意味着我们无法准确地知道它们的原产地。是欧洲的德国吗？很遗憾，这也是个乌龙事件。

事实上，德国小蠊被欧洲人所熟知是通过著名的七年战争。这场涉及全球殖民列强的战争主要发生在1756到1763年，虽然规模不及后来的两次世界大战，但也深刻

▶ ▶ 被黏板黏住的处于不同发育阶段的德国小蠊虫体，左边死亡虫体下的是卵鞘，上边无翅的是若虫，其余为成虫

图片来源：本书作者 摄

▶ ▶ 德国小蠊
图片来源：陈之旸 摄

地改变了世界格局。在这场战争中，英国殖民势力获得了大量好处，法国则遭到重创。俄罗斯的态度前后摇摆，在大部分时候，它与普鲁士（德国前身之一）处于敌对关系。这种关系也体现在对待这种蟑螂的态度上，俄罗斯人称其为"普鲁士蟑螂"，德国人则称其为"俄罗斯蟑螂"。但最终一锤定音的是生物科学命名法的创立者林奈。1767 年，林奈描述了这种昆虫，并根据自己手中标本的产地赋予其种小名"germanica"（德国的），为它们正式贴上了德国标签。

但根据詹姆斯·瑞恩的推测，这种昆虫和俄罗斯有关——它们可能在俄罗斯南部潜伏了数百年，并且在另一场更早的从 1618 年到 1648 年席卷欧洲的三十年战争中被带到了西欧。至于德国小蠊是如何到达俄罗斯的，瑞恩认为源头可能还是非洲，主要是东北非地区。唐乾（Qian Tang）等人在 2019 年发表的论文则认为，德国小蠊看起来和亚洲热带地区的一些蜚蠊物种具有更近的亲缘关系，由此认为德国小蠊可能源自南亚，在 18 世纪前后入侵欧洲，并从那里快速向世界各地传播。

德国小蠊的扩散势头非常凶猛，它们已经取代了一些地方原本的室内蟑螂物种，甚至是一些地方的美洲大蠊。

相比之下，德国小蠊有一些显而易见的优势。它们的产卵量更大，发育时间更短，因此具有更大的繁殖潜力。此外，德国小蠊的雌虫会将卵鞘携带在身上，这无疑增加了卵的安全性，提高了成活率。德国小蠊较小的体型也使得它们更容易隐藏，以及通过一些微小的通道进行转移。

从防控上讲，德国小蠊还有一个麻烦之处：很容易因为长期使用特定药物而表现出耐药性，且似乎比美洲大蠊更突出。根据武汉市铁路局的调查，由于列车内长期使用化学防治手段，测试中的德国小蠊对7种杀虫剂均不同程度地产生了抗性。贵州毕节的调查显示，当地不同区域的德国小蠊对不同的杀虫剂表现出了不同程度的抗性，这可能与当地使用杀虫剂的倾向有关。其他一些地方也有类似的报道。

德国小蠊产生抗性的原因可以归结为行为和生理两个方面。

一些信息显示，具有抗性的德国小蠊似乎在行为上有规避相应药物的趋势。这些抗性行为往往也与毒饵的拌料成分相关联，也就是说，德国小蠊不只是在识别药物，也在识别与药物一同投放的诱饵。这很好理解，对昆虫起到筛选作用、促进抗药行为产生的是药物与饵料的混合物，自然产生的规避行为也是针对整体成分的。因此，在投药一段时间后，改变饵料的成分有助于减少德国小蠊对毒饵的抗性。

不过，生理上的变化才是德国小蠊产生耐药性的关键所在。

一方面，在抗性德国小蠊体内，代谢活动也发生了变化，比如一些酶的活性提高。酶是生物体内用来改变生命活动速度的物质，由生物体内的细胞合成，并作用于特定的生命活动过程。不同的酶能够实现不同的功能，比如，一些酶能促进一些物质的合成，另一些酶则能加速一些物质的分解。水解酯酶的活力提高能够帮助对抗药物毒死蜱，事实上这类酶对有机磷类、氨基甲酸甲酯类药物的抗性起关键作用，对除虫菊酯类药剂也有一定的作用。多功能氧化酶则可能与对抗除虫菊酯类药剂有关，事实上，它能够将脂溶性有毒物质转变为水溶性物质以加快其排出体外。除此以外，谷胱甘肽S-转移酶是昆虫体内主要的杀虫剂解毒酶。简言之，这些酶的活性的显著提高会增强德国小蠊的耐药性。

另一方面，一些抗性德国小蠊身体细胞表面的药物受体变得不敏感了。受体是细胞表面的特定结构，能够接受来自细胞外的化学信号。当然，这些信号从本质上说就是一些化学物质，被激活的受体会启动细胞的某些生命过程，其中一些是有利的，而另一些则可能是致命的。比如，高毒性的接触性有机氯类杀虫剂狄氏剂会抑制神经兴奋，其实就是干扰神经之间的化学信号受体，但如果德国小蠊的γ-氨基丁酸受体发生突变，就会产生耐药性，这一突变往往发生在该受体的第302位氨基酸上。这一突变会同时产生对环戊二烯类和吡唑类、有机氯类、二环磷酯类和二环苯甲酸酯类等作用机理类似的杀虫剂的抗性。

除以上这些因素以外，近年来，还有研究表明德国小蠊肠道内的微生物等也有助于提高其耐药性。

总而言之，德国小蠊是一个因为化学杀虫剂的筛选作用而导致入侵物种局部种群产生耐药性的典型例子。鉴于此，如果使用化学药剂对德国小蠊进行杀灭，就应该定期更换药物，或者对药物进行交替使用，这在一定程度上能够控制德国小蠊的种群，同时保证药物的杀灭效果。此外，也可以考虑使用生物类杀虫剂，比如寄生菌粉等。

当然，对付德国小蠊，还得像对付其他入侵物种一样进行综合治理，包括改变室内起居环境、切断传播通路、定期清理等，在大多数情况下只靠药物控制是很难将其彻底清除的。

一群"社会性蟑螂"

在室内作乱的入侵物种不只有蟑螂，还有蟑螂的近亲——白蚁，比如截头堆砂白蚁（*Cryptotermes domesticus*），后者近年来正崛起成为我国室内的主要入侵害虫之一。

这里有些话要说在前头，蚂蚁和白蚁是完全不同的两类生物，但由于它们都具有高度的社会性，往往被人们混为一谈，其实两者之间的亲缘关系很远。蚂蚁源自蜂类，而白蚁则更加古老，它们曾经被单独划为一个昆虫类群——等翅目。今天，等翅目已经被撤销，并入了蜚蠊目，与蟑螂的类群合并。因此，如果你说白蚁是社会性的蟑螂，好像也说得过去，然而白蚁和蟑螂仍然有很大差别。比如，蟑螂通常是杂食性动物，而白蚁几乎完全是素食性动物，虽然也有例外，但大抵如此。

白蚁的种类很多，有 3 500多种。它们当然不只是我们眼中的害虫，在自然环境中的白蚁也

▶ ▶ 截头堆砂白蚁的工蚁在取食木头，它们啃食木头的时候会产生振动，这些振动可能有助于白蚁确认木料的大小

图片来源：David McClenaghan/CSIRO/CC BY

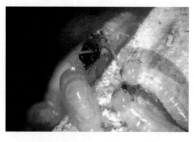

承担着其生态功能。我在《动物王朝》中介绍了一些野外的白蚁，如果有兴趣，你可以找来看看。现在，我们要把目光聚焦在室内有害入侵生物——截头堆砂白蚁身上。我们毫不避讳地承认，在原产地的野外环境中，这种白蚁有其生态价值，然而，当它们侵入我们的屋子时，就是另外一回事了。一如花园中漂亮的引种花卉扩散到野外一样，必须予以解决。

截头堆砂白蚁的原产地在印度和马来西亚等地区，伴随着全球木材和木制品的转运，它们不仅入侵了邻近的亚洲区域，也入侵了澳大利亚、芬兰、巴拿马等地区。今天，截头堆砂白蚁已经在我国南方一些省份形成了一定规模的危害，广东湛江等地尤为严重。

截头堆砂白蚁巢穴中的成员包括若虫和成虫。

与蚂蚁、蝴蝶等完全变态发育的昆虫不同，白蚁不经过毛虫或肉虫等形态的幼虫阶段，而是经历一个被称为若虫的幼体阶段。若虫在形态上接近成虫，也具有相应的运动能力，因此，和蚂蚁混吃混喝的幼虫不同，白蚁的若虫是要承担劳动责任的。同时，随着若虫的长大，它们还会在成为成虫时朝向各个品级转化。

截头堆砂白蚁的成虫品级包括工蚁、兵蚁、原始繁殖蚁和补充繁殖蚁。原始繁殖蚁包括最初的雌蚁和雄蚁，它们在配对之前有翅膀，从巢穴飞出来配对后脱去翅膀，成为最初的蚁后和蚁王。与蚂蚁的雄蚁交配后死亡不同，白蚁的蚁后和蚁王会长相厮守。

除少数类群，几乎所有的白蚁物种都具有兵蚁品级，这个品级的主要作用是保卫巢穴。截头堆砂白蚁名字中的"截头"是对兵蚁头部形态的描述，它们的头部前端有一个平直的立面，就好像被截去了一段。兵蚁平截而坚硬的头面有其特定的意义，当巢穴被入侵时，兵蚁的头部朝外，肢体紧紧抓住巢穴内壁，就可以像塞子一样堵住洞口，而头上没有额外的突起，使得它们被拔出来的概率大大降低。

承担巢穴日常工作的主要是工蚁和若虫。截头堆砂白蚁的若虫可以长成具有繁殖力的补充繁殖蚁，特别是在原始繁殖蚁死亡后，这确保了巢穴不会因为繁殖蚁的死亡而衰落。

根据文献记载，截头堆砂白蚁巢穴中只有一对繁殖蚁，也就是一对原始繁殖蚁或补充繁殖蚁，若是如此，补充繁殖蚁就只能在原始繁殖蚁死亡后形成。但是，我在广西进行白蚁防治和研究的师弟陆春文，在另一种堆砂白蚁——铲头堆砂白蚁（*Cryptotermes declivis*）的巢穴里发现了多王多后现象，它表明这种堆砂白蚁的原始繁殖蚁和补充繁殖蚁是可以共存的。由于两者习性相仿、亲缘很近，并不排除截头堆砂白蚁存在多王多后巢穴的可能性。

堆砂白蚁的繁殖普遍很慢，可能一两年后才会有十几只工蚁。截头堆砂白蚁也是如此，钱兴等人的研究数据显示，经过 7 年，截头堆砂白蚁发展出成熟巢穴，但

▶ 一群截头堆砂白蚁长有"小翅膀"的是繁殖蚁若虫
图片来源：Patrick Gleeson/CSIRO/CC BY

最多只有 115 个成员。这反而增加了它们的隐蔽性，哪怕经验丰富且处处留心，察觉到它们的存在也非常不容易，特别是在其巢穴建立的初期。与那些快速繁殖形成大巢的白蚁完全不同，你看不到泥土筑起的蚁路，看不到活动的工蚁，截头堆砂白蚁就那么默默地潜伏在木料的内部，累积性地破坏木材。正是因为如此，它们也很容易随木料被运送到世界各地。

截头堆砂白蚁完全潜伏在干木头中，不需要寻找水源，也不出来活动。很多时候，当截头堆砂白蚁被发现时，木材或木制品内部往往已经被严重蛀蚀，一根木料甚至不止有一窝白蚁了，它们很可能向外传播了一段时间，这使得对它们的预警变得相当困难。当然，如果仔细观察，也会找到一些线索。比如，木头上会有很细小的孔，它们的粪便也比较特别。堆砂白蚁这个类群的名字非常贴切，它们会排出干硬的细小粪便，就如同砂粒一般。它们生活在干燥的木头中，倘若不留心观察，就很难发现它们的存在。但是，相比找到白蚁，它们砂堆般质感的粪便堆反而更容易被发现，可以作为找到它们的关键线索。

堆砂白蚁同样很难清除，一方面，木材中细小的巢穴通道保护了

► ► 铲头堆砂白蚁的繁殖蚁若虫
图片来源：本书作者 摄

它们；另一方面，它们很难被杀绝，哪怕繁殖蚁被杀死，巢穴中只剩下 5 只若虫，也会产生新的补充繁殖蚁。经过一段时间，群体又能恢复如初。

目前，对付已经定殖的截头堆砂白蚁，可以将被侵蚀的木料

连同白蚁一起销毁，但如果木料价值较大或涉及古建筑、文物等，则可以采用高温、低温处理或药物熏蒸的方法。高温、低温处理是指将木料升温或降温到足以杀死白蚁的程度，一般来说15℃以下或40℃以上就能严重影响截头堆砂白蚁的生存，具体处理方案还需要根据情况进行摸索。药物熏蒸是指用杀虫剂对木料进行处理，不仅能杀灭木料中的白蚁，也能杀灭隐藏其中的其他虫类。正是因为如此，一些国家在进口木料或涉及木质外包装时，都要求进行熏蒸处理，否则通关时可能会遇到麻烦。一些货物甚至会因为这小小的包装问题而陷入进退两难的地步，这是我们在从事外贸过程中应该注意的。

不起眼的小蚂蚁

在室内，同样有一些蚂蚁会带来麻烦，最常见的是入侵物种法老蚁（*Monomorium pharaonis*），它们也被称为小家蚁或小黄家蚁。这是一种身形极为细小的黄色蚂蚁，体长只有两毫米左右。小小的体型使它们非常容易隐藏在人们的行李、衣服或货物中，四处迁徙。

之所以把这种蚂蚁和埃及法老联系起来，据说是和古埃及的一场大瘟疫有关。这种说法多半不靠谱，不过也并非完全没道理。因为这种蚂蚁最有可能起源于埃及地区，它们也确实具有传播疾病的危害。你几乎可以在任何地方的室内与法老蚁遭遇，它们经常从肮脏的地方爬到饭桌上，或者从一个患者的病床上爬到另一个患者的病床上。这些小东西的食性很杂，可能刚刚享用了地上的垃圾堆、患者化脓或腐烂的组织就又去享用你的午餐。但这并不意味着它们能和法老时期的瘟疫扯上关系，除非我们找到直接的历史证据。

事实上，我们几乎很难追溯法老蚁在人类古代社会中的传播路线，也很难追溯它们和人类之间的相互作用。今天，这种小蚂蚁已经伴随着人类的旅行和贸易分布到除南极以外的所有大陆，在任何大中城市里几乎都能找到它，我国也不例外。我们在中国科学院昆明动物研究所的课题组就展开了对法老蚁的研究，根据我们的调查，不论是在北边的东三省，还是在南边的西双版纳，都能找到它。

这些小家伙拥有极快的代谢速度和繁殖力，在条件适宜的情况下，从卵到工蚁成虫的整个发育过程只需 30 多天，即便形成生殖蚁，也只需多花上 4 天左右的时间。当然，法老蚁的寿命也比多数蚂蚁要短，工蚁的寿命大概为 9~10 周，蚁后则有一年多的寿命。

但单只法老蚁的寿命对群体来说没有意义。和红火蚁一样，法老蚁也是多后型群体，它们拥有多达数百个或更多的蚁后。我们已经知道，对于多后型巢穴，少数蚁后死亡对群体几乎没有影响。但法老蚁更进一步，它们的新生雌蚁和雄蚁能够在巢穴内完成交配，而不必婚飞。这看起来非常像截头堆砂白蚁产生补充繁殖蚁的模式，然而法老蚁显然更加高效——它们能产生更多的繁殖蚁，而且每只繁殖蚁的繁殖力都比截头堆砂白蚁强得多。

得益于成熟群体多达 30 万个成员的规模，它们不至于像截头堆砂白蚁一样察觉不到，哪怕单只法老蚁比截头堆砂白蚁要小很多。一旦初具规模，你就可以看到它们成群结队地出现在你的厨房，爬入你的糖罐。

现在，你将面临一群非常难缠的对手。它们十分细小，无孔不入，而且嗅觉灵敏；你却不能为此拆墙或掀地板，毕竟杀死少量外出活动的工蚁根本没有意义。即使你侥幸找到它们的巢穴并进行局部清剿，仍然有可能是徒劳的——也许你面对的这窝蚂蚁还有一部分在你的邻居家，而这种蚂蚁只要还有少数卵和工蚁存在，很快就会产生新的繁殖蚁，几个月后它们又会变得生机勃勃。

因此，为了避免日后的痛苦作战，未雨绸缪阻止法老蚁入侵变得极为关键。

正是因为如此，我们的实验室对法老蚁采取了非常严密的防逃措施，防止它们逃逸出去：用来饲养法老蚁的架子外面用带拉链的防护纱网包裹，而里面的每个饲养盒都用滑石粉或特氟龙做了防逃涂层；此外，我们还在架子下面放置了托盘，里面装上了机油，以便把侥幸越狱的法老蚁消灭在这里。

想要消灭已经入侵的法老蚁，目前看来，还是得靠投药。而且，对付蚂蚁需要使用专门的灭蚁药。灭蚁药和常规杀虫剂最大的区别在于，前者不是速效的。尤其是对付法老蚁，你需要使用缓释的饵剂。这主要是因为蚁巢外出觅食的蚂蚁其实只占巢穴中的一小部分，将这部分衰老的工蚁杀死的意义不大。你需要让这些工蚁将食物带回到巢穴中，给巢穴里的幼虫和成虫食用，因此

▶ 法老蚁的工蚁和幼虫
图片来源：高琼华　摄

▶ ▶ 法老蚁的工蚁和蚁后

图片来源：高琼华　摄

在灭蚁药起效前要留出充足的传播时间。

相对来讲，南方地区更加麻烦，法老蚁往往在野外也有比较大的种群，居民区进行一次杀灭后，它们很快就会扩散回来。北方情况好一些，因为受限于冬季的低气温，法老蚁分布在野外的概率不大，而往往局限在有暖气设施的居民区，只要在局部区域内把法老蚁消灭，就可以安生相当长一段时间。通常，在法老蚁入侵严重的情况下，可能需要居民区的整个单元、整栋楼甚至整个小区所有住户共同施药，同步杀灭。

全球变暖与南虫北上

法老蚁、白蚁甚至是德国小蠊和美洲大蠊，其实更适合温暖的环境。它们之所以能够在北方扩散，主要原因是随着人们生活水平的提高和暖气设施的普及，它们能够借助室内温暖的环境躲过寒冷的冬季。一旦脱离了人类的居住环境，南虫在北方生存还是很不容易的。

不过，现在的形势有所变化，一些原本只能在室内生活的虫子，如今有了更多进入野外的机会，其背后原因正是全球变暖的气候现象。

尽管仍有一些人认为这是因为我们正处在地质历史上的间冰期，但全球气候正在变暖是不争的事实。1880—2012 年，全球地表平均温度大约升高了 0.85℃，1983—2012 年是过去 1 400 年来最热的 30 年。这与人类社会持续向大气中释放温室气体有关。自 1750 年工业化开始以来，大气中的温室气体明显增加，到 2006 年 5 月大气中的二氧化碳含量已达 385ppm（百万分之一含量），增加了 30%；今天，这一数值突破了 400ppm。气候的变化干扰了原本的洋流和大气环流，造成陆地上的气候异常；除了全球平均气温的升高，也带来了局部地区的极端干旱或多雨，极端高温或低温。但总的来说各地的平均气温还是升高了。这一变化引起了生态系统的响应，也带来了许多问题。

昆虫是变温动物，不具备体温调节能力，因此它们从发育到活动都受到温度的影响，甚至可能超出多数人的估计。以苍蝇为例，它们的活动时间变得越来越长，由于昆虫的生长发育与温度有关，卵的孵化、幼虫的成长速度正在加快，食源性疾病的发生概率将因此上升。目前，全球每年约有 1/10 的人受到食源性疾病的困扰。一个典型的例子是弯曲杆菌造成的食物中毒。弯曲杆菌是一种肠道细菌，可能在很大程度上经由苍蝇传播，患者通常在感染细菌的 2~5 天后出现疾病症状。常见的临床症状包括腹泻（经常带血）、腹痛、发热、头痛、恶心和（或）呕吐，病程会持续几天，并且有可能造成严重的并发症，甚至致人死亡。它是腹泻的四大病因之一。加拿大科学家根据苍蝇活动的变化对这一疾病进行了预测，预计到 2080 年，蝇类数量的增加将造成当地弯曲杆菌中毒的发病率翻倍。

再比如蚊子。有很多臭名昭著的疾病都可以由蚊子来传播，包括疟疾、黄热病、登革热、淋巴丝虫病等。其中，疟疾每年能造成2亿多人感染。患者通常在被携带病毒的蚊虫叮咬后的一到两周内出现症状，一开始症状可能会比较轻，包括发热、头痛和寒战，难以发现是疟疾。但如果不在24小时内进行治疗，恶性疟疾就可能会发展成严重疾病，往往会致命。

近年来，随着旅游、贸易等全球人口、货物的流动，一些原来只局限在某些地域的蚊媒疾病呈现出辐射传播的势头。比如，白纹伊蚊（*Aedes albopictus*）是我们身边一种常见的蚊子，因为身上长有黑白斑纹而被外国人称为"亚洲虎蚊"，可以传播多种致命疾病。它们在20世纪最后的20年内入侵了美洲，现在已经成为那里最常见的蚊子之一。白纹伊蚊喜欢较炎热的环境，并且因为气候变暖而逐渐北上，如果全球变暖的趋势继续，它们有望进一步扩大地盘。另一种被称为北美瓶草蚊（*Wyeomyia smithii*）的蚊子虽然没有太大危害，但却被发现基因和繁殖周期都发生了改变，以适应日益变化的气候，这绝不是一个好兆头。

昆虫对气候变暖的响应不仅限于此，它们的适生区域正在拓宽，或者说地理分布范围正在扩大。比如，1960—2000年，日本的主要水稻害虫稻绿蝽（*Nezara viridula*）的分布范围向北扩展到大阪，迁移了70千米。再比如，黑腹果蝇（*Drosophila melanogaster*）的耐热种群的分布范围在澳大利亚东海岸提高了4个纬度。这就是在北半球出现的"南虫北上"的现象，这一现象在我国同样明显，大约20年前，我在任国栋教授的应用昆虫学课上就听过这个词了。

在一个国家内部的本土物种由南向北扩张，也算生物入侵吗？

是的，这毫无疑问。界定生物入侵的地理范围不是以国界为标准的，而是以其原有分布地和原有生境为标准的。当一个物种进入新的分布范围或新的生境，并对被入侵的生态系统造成破坏时，就可以被视为入侵物种。

另一个问题是，昆虫和植物的关系受到了影响。在某种意义上，昆虫和植物是一个整体，双方处于某种类似于合作的状态。植物为昆虫的幼虫（或若虫）提供食物，昆虫的成虫反过来为植物传粉。由于昆虫的寿命很短，它们在一年的特定时间里处于特定的状态，比如，在某些月份处于以进食和生长为主要目标的幼虫期，而在另一些月份则处于以繁殖为主要目标的成虫期。在正常情况下，昆虫的发育阶段和宿主植物的生长阶段是匹配的，比如在某些植物开花的时候，为它们传粉的昆虫也恰好变为成虫状态。然而，气候变化不仅改变了昆虫的生长周期，也会影响植物的生长周期。这会导致昆虫和植物在时间匹配上出问题，也就是同步性受到破坏，其结果可能不利于植物，也可能不利于昆虫，或者可能对两者都不利，并有可能引起一系列的关系变化。比如，格陵兰的一种木虱（*Cacopsylla groenlandica*）由于孵化时间与原寄主物种柳树的发芽时间不再匹配，其寄主由一种柳树扩大到了4种柳树。

这是一种冲击和混乱，倘若我们跳出昆虫与植物的范畴，放眼整个生态系统，其受到影响的规模还要宏大得多。

第6章

永远都是
饥肠辘辘

▶ ▶ 正在摧毁核桃树叶子的美国白蛾幼虫

图片来源：本书作者 摄

爬满窗子的毛虫

某年秋季，河北，我站在家里的窗前。我家在二楼，这是一处侧窗，窗外是一些树木和建筑。就在窗玻璃的外侧，不少毛茸茸的虫子正在蠕动着行进，我透过窗子看到了它们那一对对伪足。

幸好窗户密封得不错。开窗？那是不敢的。数不尽的毛虫此时正在经过这里前往其他地方，我可不准备改变它们的行进路线。

这些毛虫名叫网幕毛虫，因可在植物上吐丝形成丝幕而得名，是秋幕蛾（*Hyphantria cunea*）的幼虫，俗名叫美国白蛾。它们很可能是在寻找结茧化蛹的地方。根据闫志利等人的报道，在河北，美国白蛾在9到11月发生第三代幼虫，并从10月开始陆续结茧准备越冬。

▶ ▶ 到处寻找化蛹地的美国白蛾幼虫
图片来源：本书作者 摄

▶ ▶ 美国白蛾成虫和幼虫
图片来源：Zihao Wang/iNaturalist/CC BY

是的，哪怕是在北方，美国白蛾一年也不止繁殖一代。美国白蛾属于完全变态发育昆虫，要经历卵、幼虫、蛹和成虫四个发育阶段。在河北，它们一共会发生三代，越冬的蛹在来年4到6月羽化为成虫并产卵，第一代幼虫在5到7月发生，大约经过1个月的生长发育变成蛹，在7月底之前完全羽化为成虫。之后，它们花两个月左右的时间再完成一轮繁殖，并在秋季进入第三代。而在其他地区，因为气候不同，它们的发生规律也有所变化。

在这个发育过程中，幼虫取食植物，随着幼虫逐渐长大，进食量也会越来越大。它们每蜕一次皮，就增加一个虫龄，五龄以后幼虫的食量就相当可观了，而它们一直会长到六龄或七龄。不过，如果食物不足，它们也能在五龄提前化蛹。我在路边的悬铃木上多次见到它们的身影，它们往往会小心地隐藏在叶子背面，在它们旁边则是被吃得只剩下叶脉的大半片叶子。在美国白蛾幼虫比较多的树上，你几乎很难找到完整的叶子。

美国白蛾是温带物种，原产地在北美，很可能是在第二次世界大

▶ ▶ 隐藏在叶下丝幕中的低龄美国白蛾幼虫

图片来源：本书作者　摄

战期间随着军用物资的运输扩散到欧洲和亚洲的。它们入侵我国的时间不算太长，可能是 1979 年前后由朝鲜半岛传播到我国辽宁丹东地区的。1989 年，它们越过了山海关，随后进入华北地区。1998 年，京津冀地区启动了美国白蛾国家级治理工程，大大延缓了它们的扩散速度。但是，它们并没有停止扩散。进入 21 世纪，美国白蛾在京津冀等地的存在感明显增强。2008 年北京奥运

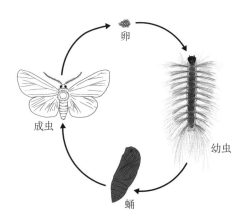

▶ ▶ 美国白蛾的生活史

图片来源：本书作者　绘

▶ ▶ 几乎被美国白蛾取食殆尽的悬铃木叶片

图片来源：本书作者 摄

会前后，我国各地对它们进行了更大规模的防治，美国白蛾的入侵势头再度受阻，但它们很快又发动了攻势，进一步扩大了分布范围。

由于我家在美国白蛾反复进攻的河北，我对这种虫子真是熟悉极了，经常在各种植物上见到它们，从悬铃木到核桃树再到五叶地锦。不论是在本土植物还是外来植物上，统统都能发现它们的身影。不管是草本还是木本，只要是叶子宽一点儿的植物，它们似乎都能吃。桑树、臭椿、白杨、榆树、柳树、槐树、苹果树、黄豆、玉米、茄子、白菜、红薯等的叶子，对美国白蛾来说似乎只有好吃与不好吃之分，而不存在能吃与不能吃的区别。

它们的食量是如此之大，在四龄幼虫以前，它们会生活在自己吐丝形成的幕网中，倘若不能在此时将其及时扼杀，一旦变为五龄幼虫，它们就会突破幕网，在极短的时间内把繁茂的植物吃出凋零的效果。比如，2013年9月，大广高速衡水段发现了三龄和四龄幼虫，它们在随后不到10天的时间内就几乎吃光了所有树叶，引起了一定的社会恐慌。

然而美国白蛾的防治难度太大了，特别是药物杀灭，它不仅会造成害虫的耐药性，而且对其天敌昆虫可能有更大的杀灭作用。此外，用药的时机往往也不正确。在当前的情况下，基层具有专业防控知识和能力的人只占少数，相较于广阔的国土，所能开展的监控工作非常有限。其结果往往是在害虫发生的初期无法及时喷药，只在害虫暴发到一定程度并造成一定损失后才开始采取行动，防治经费很高，而且无法彻底清除。值得一提的是，美国白蛾的反弹力度很大。一只雌虫就可以产卵八九百颗，甚至超过1 000颗，一年三代的话，考虑到存活率，应该无

▶ ▶ 　美国白蛾幼虫
　　图片来源：本书作者　摄

▶ ▶ 　隐藏在五叶地锦叶子背面的美国白蛾幼虫
　　图片来源：本书作者　摄

▶ ▶ 逐步突破丝幕的美国白蛾幼虫

图片来源：本书作者 摄

法达到某些人估算的动辄数百万甚至上千万的数量，但也意味着极强的繁殖力。只要年初有少数美国白蛾存在，到了第三代，也就是当年的秋季，就能达到爆发性的效果。

不过，我们还是在生物防治方面看到了希望。与其他一些入侵物种不同，美国白蛾在我国并非没有天敌。一些捕食者和寄生者都有助于控制美国白蛾的数量，比如一些寄生蜂和寄生蝇。白蛾周氏啮小蜂就是一个很好的例子。

1985 年，当时还在陕西省西北林学院森林保护系的杨忠岐教授及其学生黄飞在调查美国白蛾的天敌昆虫时，在美国白蛾的蛹里养出了一种寄生蜂。事实上，蜂类中有相当一批物种都是寄生性的，它们体型很小，因物种而异，寄生在从毛虫到蜘蛛等各类无脊椎动物的体表或体内。有些蜂类的无数幼虫会充满寄主的身体，或者在寄主体内形成蛹，羽化为成虫后会咬破寄主的外皮爬出来，或者爬到寄主外面结蛹，总之寄主是活不成了。还有一些则不进入寄主体内，而是从外边将寄主的身体吸干，最后寄主也活不成了。由此可见，它们是寄主的噩梦。美国白蛾的寄生蜂也是这样，最后会有 200 多只蜂从美国白蛾的蛹中爬出来，多的时候能达到 306 只。经初步鉴定，这是一种啮小蜂。

1986—1988 年，陕西的美国白蛾基本得到了控制，这在很大程度上可能要归功于啮小蜂。但这种寄生蜂是本土物种，还是随美国白蛾一同进入我国的外来物种？

1987 年，杨老师在前往美国国立自然历史博物馆进行交流和学习期间，接触到了这个类群的更多标本，并且与几位国际知名的小蜂专家进行了交流探讨。最后的结论是，这不仅是一个小蜂新物种，还是一个新属。为纪念昆虫领域

▶ ▶ 被蜂类寄生的美国白蛾幼虫，外部的是寄生蜂的茧子

图片来源：本书作者 摄

▶ ▶ 白蛾周氏啮小蜂
图片来源：本书作者 摄

▶ ▶ 切开被白蛾周氏啮小蜂寄生的美国
白蛾蛹，我们可以看到蛹的内部完
全被啮小蜂的老熟幼虫和蛹等充满，
美国白蛾的蛹只剩下一个壳
图片来源：本书作者 摄

的老前辈周尧先生，杨老师将这个新属定名为周氏啮小蜂属（*Chouioia*），将物种名定为白蛾周氏啮小蜂（*Chouioia cunea*）。周先生是我国昆虫研究的领路人之一，确实也当得起这份致敬。

由此看来，白蛾周氏啮小蜂应该是我国的本土物种。如若白蛾周氏啮小蜂是外来物种，以它们对美国白蛾的寄生效果，国外原产地不可能没有相关记录，更何况美国的分类学研究在20世纪处于领先地位，不至于从物种到属都是全新的。

另一个证据是，白蛾周氏啮小蜂并不是专性寄生于美国白蛾的，它还寄生于舟蛾、毒蛾等鳞翅目昆虫的幼虫。由此推测，它们之前极可能是寄生于别的幼虫的，在美国白蛾暴发后，它们的寄生偏好向美国白蛾发生了迁移。所以，白蛾周氏啮小蜂很大概率是一个本土物种，而且是一个本土物种阻挡入侵物种的成功案例。

为了进一步探索周氏啮小蜂在防治美国白蛾方面的作用，山东农业大学的曹帮华和当时在读的硕士生高冬梅等人做了进一步的研究。按照他们在山东东营对多达 4 万亩土地的研究结果，周氏啮小蜂形成了稳定的种群，可以将有虫植株控制在 1% 以下，形成了有虫不成灾的良性局面，效果很不错。

此外，其他一些寄生昆虫也很有潜力，比如日本追寄蝇（*Exorista japonica*）、舞毒蛾黑瘤姬蜂（*Coccygomimus disparis*）等，已知的物种超过 20 种。它们是我们在进行常规药物防治的同时可以利用的力量，我们甚至可以尝试构建美国白蛾的天敌复合体（natural enemy complex），以不同的天敌物种对处于不同发育阶段的美国白蛾进行防控。

为祸全球的草地贪夜蛾

近年来，有一种类似美国白蛾的食叶农业害虫入侵我国，并快速扩散到国内多个省份，引起了广泛关注，媒体也纷纷报道。它就是草地贪夜蛾（*Spodoptera frugiperda*）。

顾名思义，草地贪夜蛾也是一种蛾子，和美国白蛾一样，属于鳞翅目昆虫。

▶ ▶ 草地贪夜蛾成虫
图片来源：高琼华 摄

草地贪夜蛾的原产地同样在美洲，分布范围从美国到阿根廷，在那里它们也是主要的农业害虫。

▶ ▶ 取食玉米叶子的草地贪夜蛾四龄幼虫
图片来源：高琼华　摄

草地贪夜蛾非常喜欢取食谷物，它们会在叶子背面产下一大团卵，一次大概一两百颗，上面还会弄上一些鳞毛做保护。雌蛾不止产一次卵，它们还会不断找地方产卵。一只雌蛾可以产卵1 000颗以上，最高纪录多达2 000颗！

在夏日里，这些卵在3天之内就会孵化出幼虫，你会看到密密麻麻的黑头小虫子爬出来。这些肉乎乎的小虫子的主要任务就是长大，所以它们从出生开始就准备大吃一顿。真正造成危害的就是这些幼虫。它们从叶子的背面开始取食，被啃食的叶子会形成半透明的窗孔。如果幼虫的数量很多，它们也有可能咬穿作物的茎，然后钻到里面去觅食。更有一些幼虫会吐丝，可以像荡秋千一样从一株作物转移到另一株作物上。密密麻麻的幼虫还能像军队一样，排着整齐的队列进行迁徙，所以它们也被称为"秋天的行军虫"（fall armyworm）。

幼虫再长大一点儿，它们的牙齿会变得更加强

▶ ▶ 草地贪夜蛾五龄幼虫
图片来源：刘壮壮　摄

大，能直接在植物的叶子上咬出一个个孔洞，甚至将整片叶子吃掉。它们也会钻进玉米等谷物的花穗里，啃食果穗。它们对玉米的影响最为严重，在美国佛罗里达造成玉米减产 20%；而在经济落后的地区，它们造成的影响更大，比如在巴西造成玉米减产 34%，在阿根廷造成玉米减产 72%。

它们还具有生态多型性，至少存在玉米型和水稻型两个品系，前者主要危害玉米、棉花和高粱，后者主要危害水稻和各种牧草。只有这些吗？当然不是。据统计，至少有 80 种植物受其危害，就连苹果和橘子也没能逃出魔掌……在 28℃的气温下，它们每 30 天就能繁殖出一代。

近年来，草地贪夜蛾已经不再满足于在美洲地区搞事情了，它们借助人类的洲际交流，踏上了全球扩张之旅。

2016 年 1 月，草地贪夜蛾首次在非洲被记录；

2017 年 4 月，有 12 个非洲国家官方报道了草地贪夜蛾的入侵事件；

2018 年 1 月，撒哈拉以南的几乎所有 44 个非洲国家都有了草地贪夜蛾；

2018 年 5 月，草地贪夜蛾入侵印度，3 个月内蔓延印度全境；

2018 年 8 月，联合国粮农组织向全球发出预警；

2018 年 11 月，草地贪夜蛾入侵孟加拉国和斯里兰卡；

2018 年 12 月，草地贪夜蛾入侵缅甸；

2019 年年初，草地贪夜蛾入侵我国西南地区；

……

短短几年时间，这种小虫子几乎以摧枯拉朽之势席卷全球。

除了人类的贸易活动携带以外，这也得益于它们自身快速的繁殖力，以及令人瞠目结舌的迁徙能力。

是的，它们是一种迁徙能力和扩散能力很强的虫子，远超美国白蛾。它们在演化上达到了某种极致——幼虫竭尽全力地取食，快速长大，度过蛹期后，有了翅膀的成虫就以繁殖、传播和扩散作为主要任务了。它们获得了迁飞扩散的习性，能够在几百米的高空，乘着气流进行定向迁飞，每晚可以飞上百千米。它们在产卵前至少可以向外迁飞上百千米，如果风速和风向合适，还能够扩散得更远。有报道称，草地贪夜蛾的成虫仅用了 30 个小时就完成了从美国密西西比向加拿大的迁飞，行程足有 1 600 千米。但幸好多数成虫都没有那么厉害，而且它们的平均寿命只有 10 天左右。即便如此，也足以在一两代内推进一两个省份。

正是因为如此，乘着来自太平洋和印度洋的暖湿气流，它们从南亚和东南亚一路向北，从缅甸进入我国境内，然后开始从我国南方向北快速扩散。因此，我国很多省份都将面临它们的威胁，如果应对不当，形势可能会非常严峻。

当然，造成这种被动局面的另一个原因是，欧亚大陆缺乏草地贪夜蛾的天敌，本土生态系统也尚未做出有效的反应，产生像白蛾周氏啮小蜂那样强大的天敌。在美洲大陆，有大量的寄生蜂类（如茧蜂）和寄生蝇类会寄生于草地贪夜蛾，限制它们的种群数量，还有本土的步甲、螽斯、益蝽等捕食者，鸟类、臭鼬、啮齿动物也会捕食它们。此外，真菌等微生物也在一定程度上限制了草地贪夜蛾的发展。即便如此，它们在原产地依然是重要的害虫，我们将要面临的形势可想而知。

现在，面对草地贪夜蛾的入侵，我们首先要做的就是监控，即确认它们扩散的范围和速度，什么时间到了什么地方。然后就是尽可能地消灭它们，将损失控制在最小的范围内。就目前的情况来看，可能要把药物杀灭和陷阱诱杀结合起来才能取得较好的效果，用药物杀灭作物上的害虫，用信息素陷阱等方法诱杀掉迁飞、传播的成虫。只要我们科学合理地布局，严肃认真地对待，就有望延缓它们的步伐，并将损失降至最低。

叶子里的小小隧道

同样是取食植物的叶子，双翅目昆虫中的潜蝇科又有所不同。这类昆虫的体型极其微小，它们的幼虫往往会先在叶子内部开掘出小小的隧道，再将隧道内的叶肉取食殆尽。你可能在菜叶中见过这些小小的隧道。多数潜蝇都是专食性的，即一种潜蝇只对应少数寄主植物，但也有多食性、危害较广的物种，比如美洲斑潜蝇（*Liriomyza sativae*）和三叶斑潜蝇（*Liriomyza trifolii*）。

这两种斑潜蝇的原产地都在美洲。其中美洲斑潜蝇进入我国较早，最早可以追溯到 1993 年 12 月在海南三亚的入侵记录。而到 1995 年，全国已有 21 个省市区被美洲斑潜蝇不同程度地入侵。1995

▶ ▶ 美洲斑潜蝇的成虫。它们体型微小，只有 1.3~2.3mm，雌性体型略大于雄性

图片来源：Federico Figueroa Cabezas/iNaturalist/CC BY

年，仅河北发生面积就达 500 万亩，作物一般减产 20%~30%，秋芸豆则几乎绝收。美洲斑潜蝇的推进速度看起来丝毫不亚于草地贪夜蛾，这体现了一部分生物入侵非常迅猛的特点，也就是说物种的入侵并不都是渐进或逐步推进的。今天，除少数气候恶劣的地区以外，我国全境都或多或少地出现了这种入侵生物。

▶ ▶ 南美斑潜蝇（*Liriomyza huidobrensis*）是从云南开始入侵我国的，目前已经扩散到了不少地方

图片来源：Tomasz/Adobe Stock/ 图虫创意

美洲斑潜蝇也是完全变态发育的昆虫，要经过卵、幼虫、蛹和成虫四个阶段。美洲斑潜蝇的雌性成虫会刺伤叶片，吸食汁液并在叶片中产卵，雄蝇虽然不能刺

▶ ▶ 南美斑潜蝇的蛹

图片来源：Tomasz/Adobe Stock/ 图虫创意

伤叶片，但会吸食雌蝇造成的创口。卵孵化后，幼虫会钻入叶肉或叶柄中取食。它们吃过的叶片只剩上下表皮，显现出蛇形的觅食迹。此外，穿孔和叶道也容易导致植物感染病菌。这会严重削弱叶片的光合作用能力，造成作物减产，还会影响蔬菜的品质和销售。

美洲斑潜蝇会危害豇豆、黄瓜、丝瓜、番茄等多种蔬菜，也会危害棉花、向日葵等经济作物，致使它们减产80%甚至绝收。由于体型小，成长速度快，美洲斑潜蝇每年可以发生多代。比如，在天气始终比较暖和的海南省，美洲斑潜蝇一年可以发生21~24代，持续造成危害。在广东，美洲斑潜蝇一年可以发生16代，在四川是10代，并且都伴有春秋两个危害高峰期。在京津冀地区，原产于阿根廷和巴西一带的美洲斑潜蝇无法在室外越冬，但它们可以在蔬菜大棚中继续为祸，一年中户外繁殖8~9代、大棚内繁殖2~4代，破坏力十分强大。

美洲斑潜蝇就这样在我国肆虐了11年，直到2005年12月广东中山市检测到了三叶斑潜蝇，美洲斑潜蝇再次遇到这一命中注定的对手。由于它们的生活和行为方式差不多一样，两者之间存在强烈的竞

▶ ▶ 三叶斑潜蝇幼虫的觅食迹，其中黑色的是粪便
图片来源：Eran Finkle/Flickr & iNaturalist/CC BY

争关系。其结果就是，美洲斑潜蝇在长江以南地区被逐渐排除，三叶斑潜蝇取而代之。如同红火蚁驱逐热带火蚁一般，入侵物种之间发生了竞争取代现象。

然而，这并不是两种斑潜蝇之间的第一次交锋。

在更早之前，斑潜蝇仅是区域性的次级害虫，没有造成太大的危害，不太引人注意，并且在原产地因受天敌制约而处于一种平衡状态。但是，随着第二次世界大战后化学合成农药的大规模使用，那些不易受到化学农药针对或容易产生抗性的小型昆虫开始上升为重要害虫，而农药对天敌昆虫的杀伤进一步强化了这一趋势，斑潜蝇就是在这样的背景下崛起的。伴随着斑潜蝇在一些地区的暴发，它们开启了全球入侵之旅，以及彼此之间的竞争取代。

最开始的战场当然是在美洲。直到 20 世纪 70 年代中期，美洲斑潜蝇一直是美国加利福尼亚州主要的危害性斑潜蝇，但原产于佛罗里达州的三叶斑潜蝇入侵了加州，并很快取代美洲斑潜蝇成为美国西部的优势斑潜蝇物种。这一次取代事件的主要原因可能在于，三叶斑潜蝇对当地使用的农药的抗性更强。

当然，竞争取代的问题通常非常复杂，不是由单一因素决定的，特别是在近缘物种之间，不同的生存条件往往会产生不同的结果。比如，在日本的栽培温室内，美洲斑潜蝇就击败了三叶斑潜蝇，占据了竞争优势。有研究认为这是因为在这种环境下，雌性美洲斑潜蝇的繁殖力更强，并且那里的三叶斑潜蝇有更多的寄生蜂。

可以造成竞争取代的原因有很多，物种之间通常也不会只在一个方面发生竞争。比如在资源的利用上，就涉及搜寻和获取资源能力上的差异、繁殖力的差异、对劣质资源的反应和策略、资源的抢先占有等。在这个过程中，它们还可能会发生互相干扰，甚至是生殖干扰。后者指的是近缘物种之间发生交配识别的问题，比如某一个物种的雄性不能准确地将本物种的雌性识别出来，就会导致雄性繁殖力的浪费。此外，还有一个有意思的竞争方式，叫作似然竞争或表观竞争。它是指当一个物种增多的时候，会使得其天敌、寄生者的数量增多，反过来对另一个物种的生存造成压力。而影响竞争结果的外在因素也有很多，比如气候的影响（如温度、降水等），以及农药使用情况、天敌的情况、寄主植物的种类等。

正是因为如此，在不同的生境下，竞争的结果未必相同，对不同的地区要进行具体分析。在我国南方，三叶斑潜蝇正在取代美洲斑潜蝇，这可能与温度适应性有关。在较低的温度条件下，美洲斑潜蝇的繁殖力高于三叶斑潜蝇；而在较高的温度条件下，情况则正相反。但是，竞争取代的推进速度并不快，远远没有达到美洲斑潜蝇入侵初期那种摧枯拉朽的态势。具体到某些寄主植物就要做具体分析了，比如在海南，豇豆上的三叶斑潜蝇相比美洲斑潜蝇更占优势，而在丝瓜上美洲斑潜蝇则更占优势。这就造成了在很多地区并未形成一方被彻底排除的态势，而是两个物种并存，其中一种会在特定的空间或时间上占优势的情况。

还要说明的一点是，竞争取代往往会多次发生。同样是在美国加州，现在并不是三叶斑潜蝇的天下。1992 年，那里又发生了一次剧烈的竞争取代，加州北部被另一种斑潜蝇——南美斑潜蝇（这种斑潜蝇在 20 世纪也进入了我国，但目前情况还算稳定）入侵并占据了优势。

从此，加州的地盘一分为二，北部由南美斑潜蝇统治，南部则继续由三叶斑潜蝇统治。

带蛆虫的果实

　　除了潜蝇类，双翅目昆虫中还有一类对农业危害性很大的，那就是实蝇类（Tephritidae）。顾名思义，实蝇喜欢果蔬，特别是果实，水果是它们的重点取食对象。实蝇是非常微小的昆虫，体长通常略大于 1.5 毫米，大的物种也不超过 6 毫米。需要注意的是，实蝇和生物实验中常用的果蝇不是一回事，后者喜食腐败水果上的酵母，而实蝇侵袭的是正在生长的水果。实蝇的幼虫——蛆是植食性的，从茎叶到果实都是它们侵袭的对象，只是不同物种有所差别。如果你掰开一个新鲜水果，比如柑橘，发现里面有不少浅色的小蛆，你有很大概率遇到了实蝇。带蛆的果实成为实蝇向外长距离扩散的主要手段。近年

▶ ▶ 桔小实蝇的雌性成虫，它的腹部末端看起来很尖的那个结构是产卵器
图片来源：许益镌　摄

▶ ▶ 桔小实蝇雌虫正在向水果中产卵
图片来源：Scott Bauer/USDA ARS/Public Domain

来，随着我国水果进口量的增加，海关的检疫压力也在加大，仅 2013 到 2015 年，我国口岸检疫就截获了实蝇 7 533 批次，其中桔小实蝇（*Bactrocera dorsalis*）有 4 783 批次。

▶ ▶ 桔小实蝇在危害水果
图片来源：许益镌　摄

桔小实蝇危害的宿主范围很广，目前已知的物种至少有 305 个，其中包括 170 种瓜果、蔬菜和花卉，朱雁飞等人在 2020 年已统计到了 250 种。桔小实蝇的雌性成虫可以将果皮刺穿并向水果中产卵，卵孵化后取食果肉，会导致果实脱落，造成重大经济损失。很不幸，桔小实蝇已经入侵了我国，而且有相当长的历史。

桔小实蝇和蜜柑大实蝇（*Bactrocera tsuneonis*）的原产地都是日本，它们分别在 1911 年和 1960 年首先在台湾南部和青海西宁被记录到。中国大陆是在 1937 年首次记录到桔小实蝇的。今天，桔小实蝇分布在我国南部共 15 个省份，最北到达了江苏和安徽。桔小实蝇是危害我国南方柑橘的主要害虫，但不仅限于此。比如，根据黄素青和韩日畴在 2005 年的报道，他们在广州附近果园对番石榴所做调查发现桔小实蝇的危害率达到了 40%，部分地区成熟果实被侵害率甚至达到了 80%~90%；一般每个果子中约有 10 条幼虫，多的可达二三十条，甚至上百条幼虫。由此可见其危害之大。

伴随着果蔬的全国性运输，我国北方也受到了桔小实蝇的威胁。北方地区的水果，比如桃、枣、石榴和苹果等，均有被桔小实蝇危害的记录。但桔小实蝇能否在北方越冬进而形成自然种群，这个问题尚待进一步确认。

不过，情况可能并不乐观。

根据尹英超等人 2014 年的研究，河北的石家庄和保定连续两年诱捕到桔小实蝇的成虫。同年，河南省郑州和洛阳等 9 个地市也诱捕到了桔小实蝇的成虫。一些气候分析认为，北纬 35 度以南的环境四季都适合桔小实蝇生存。而在更北的地方，栽培果蔬的温室大棚有可能成为它们越冬的保护地。

今天，已经有多个实蝇物种入侵了我国。除桔小实蝇和蜜

▶ ▶ 瓜实蝇更喜爱侵害瓜类
图片来源：顾立友 摄

柑大实蝇以外，还有番石榴实蝇（*Bactrocera correcta*）、黑颜果实蝇（*Bactrocera vultus*）、瓜实蝇（*Bactrocera cucurbitae*）和枣实蝇（*Carpomya vesuviana*），它们基本上都来自周边国家。对柑橘类有严重危害的桔大实蝇（*Bactrocera minax*）是否为我国本土物种，这个问题仍有争议，但近年来其扩散风险问题也引起了国内外的广泛关注。

要对付这些实蝇，同样需要综合治理，除使用农药以外，还要深耕土地，尽早给水果套袋。与此同时，要注意天敌昆虫的保护，特别是寄生蜂类，它们不管是对实蝇还是潜蝇，都有很好的防控效果。我们可以考虑引进一些专性寄生蜂。在与本土生态系统的相互作用中，本土的一些寄生蜂类同样能够寄生于这些入侵物种，比如，长尾全裂茧蜂（*Diachasmimorpha longicaudata*）等可用于防控桔小实蝇，其潜力有待开发。

此外，我们还需要严防其他有害实蝇的入侵，比如地中海实蝇（*Ceratitis capitata*）。这种比家蝇略小、背部看起来有点儿花哨的实蝇，是个大麻烦。

地中海实蝇起源于热带非洲，1863 年在地中海地区被首先记录到。从可可到咖啡，从苹果到辣椒，地中海实蝇会危害到 350 多种果蔬等经济作物，一些水果可能因此减产 80%。目前，地

▶ ▶ 地中海实蝇的雌性成虫
图片来源：Scott Bauer/USDA ARS/Public Domain

中海实蝇已经扩散到了南美全境，以及几乎整个非洲、欧洲和西亚，还有澳大利亚和新西兰。其全球性分布给我国的海关检疫带来了巨大的压力，甚至多次在入境旅客随身携带的水果中检出过地中海实蝇。有观点认为，一旦地中海实蝇进入我国，有可能在两年之内遍及各地。

地中海实蝇一旦入侵，不但会给我国的农业生产带来严重影响，也会影响我国的农产品出口贸易——一旦被检出，非疫区国会直接清退出口国的农产品，乃至暂停贸易。这样的例子不胜枚举，比如，2019 年俄罗斯禁止来自土耳其的一批带有地中海实蝇活体的柑橘等水果入境，并将其清退。

来自周边国家的入侵压力也会非常棘手。就像紫荆泽兰和草地贪夜蛾一样，我们几乎很难防御来自邻国边界的入侵物种的自然扩散。幸运的是，我们的周边国家尚未发生被地中海实蝇大规模入侵的情况。

然而，这真的只是一种幸运吗？

地中海实蝇在夏威夷的遭遇是一个有趣的例子。目前可追溯到地中海实蝇入侵夏威夷的时间是在 1910 年，到了 1916—1933 年，它们在那里已经成为一种毁灭性的害虫。但到了 1944—1946 年，形势发生了变化。因为另一种实蝇，也就是桔小实蝇来了。伴随着桔小实蝇的快速崛起，地中海实蝇的生存空间被迅速压缩。到 1974 年，地中海实蝇仅存在于夏威夷的低地地区，桔小实蝇则占据了压倒性的优势。

而印度可能是另一种案例，1907—1908 年，地中海实蝇入侵了印度，但它们未能在印度立足，这也与桔小实蝇的竞争作用有很大的关系。

我国境内和周边地区大都处在桔小实蝇的入侵范围内，这在某种程度上可能起到了抵御地中海实蝇的作用。

然而，我们应该因此庆幸或放松对地中海实蝇的警惕吗？当然不行。这只是一个假说，我们绝不可用国家的农业安全去赌一个假说的对错，更何况，我们也要遏制乃至消灭桔小实蝇。

树皮之下的侵略

1903 年，日本昆虫学家桑名伊三吉在东京自家宅院的松树上找到了一种小小的蚧虫，并将其作为新种发表，这就是臭名昭著的日本松干蚧（*Matsucoccus matsumurae*）。

说起蚧虫你可能不太熟悉，但如果说蚜虫或蝉，大多数人应该都不陌生，它们与蚧虫的亲缘关系较近，都属于半翅目昆虫。这类昆虫具有刺吸式口器，能够刺穿植物的表皮，吸食里面的汁液。多数蚧虫的体型就像蚜虫一样微小，当然，也存在体型较大的物种，比如，澳大利亚的双尾桉树蚧（*Apiomorpha duplex*）雌虫可以长到 8 厘米，即使放在整个昆虫类群中，也算得上大个子了。蚧虫也被称为介壳虫，这是因为它们往往能够分泌蜡质形成具有保护作用的介壳。相当多的蚧虫倾向于固着生活，它们在刚刚孵化时往往比较活跃，经过一次蜕皮，运动能力则大为减退。不过，一部分雄性蚧虫有翅，这使它们的活动能力大为加强。由于它们吸食植物汁液影响植物生长，在这个过程中也会导致植物染病，大多数蚧虫都对农林具有危害性。不过，由于白蜡虫和紫胶虫的分泌物本身具有经济价值，至少它们俩应该被排除在外。

日本松干蚧传入我国最早可以追溯到 1942 年的辽宁旅顺，于 1953 年在辽宁泛滥成灾，1950 年在山东崂山、1965 年在江苏和浙江也暴发了虫情。有研究论文提到这种蚧虫进入我国的时间可以向前追溯至 20 世纪 30 年代，但并未在论文中给出明确出处。日本松干蚧很可能是由朝鲜半岛传入我国的，但有意思的是，根据杨钤等人的研究，山东和江浙的日本松干蚧在形态学和分子生物学上的遗传距离更接近，而和辽宁的样本存在一定差距，这似乎暗示着日本松干蚧进入我国的路线可能不止一条。这个问题还有待进一步研究。

日本松干蚧的发育过程比较复杂，每个虫龄都有较大的变化。日本松干蚧将卵产在包裹着蜡丝的卵囊中，卵的颜色和橘子果粒的颜色差不多，呈椭圆形。初孵的若虫长度不足 0.3 毫米，腹部末端有两对尾毛，使得若虫可以像驾着风帆一样随风传播，轻盈的卵囊也很容易被风吹走。由此可见，风力是它们最主要的传播方式。

若虫会沿着树干爬行，快速找到庇护所，比如树皮下的缝隙。它们隐藏在那里并开始吸食汁液，使体型一点点地从梭形变为梨形。这个时期也被称为隐蔽期。

一龄若虫蜕过一次皮后就变成了二龄若虫。二龄若虫处于纯生长状态，它们的触角、腿和眼等都被抛弃了，身体变得圆滚滚的，就如同一个个小珠子。这个阶段是它们危害最严重的时期，身影也逐渐从树皮的缝隙中显露出来。这个时期被称为显露期或珠形期。

▶ ▶ 日本松干蚧的二龄若虫
图片来源：Liu et al., 2014/*PLoS One*/CC BY

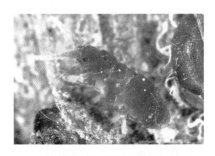

▶ ▶ 日本松干蚧的三龄雄性若虫
图片来源：Liu et al., 2014/*PLoS One*/CC BY

日本松干蚧通常寄生在松树的阴面，阳面则很少。松树的阴面由于受到日本松干蚧的强烈危害和干扰，往往生长缓慢，而阳面则会正常生长，这就造成了松树树干弯曲，并形成特征性下垂。

再经过一次蜕皮，三龄若虫具备了触角和三对足，运动能力也不弱。雄虫会用蜡丝结茧，成虫羽化后长出翅膀，可进行短距离飞行，寻找雌虫。

雌虫的体型远大于雄虫，蜕皮变成成虫后，口器退化不再进食，体长约为两三毫米。它们在与雄虫交配后会用蜡丝将自己和卵囊包裹起来并产卵，随后死亡。

由于日本松干蚧的生活比较隐秘，在发生初期往往不能被很快发现，而是危害到一定程度才会被察觉，但此时它们已经有了较大范围的传播，并对林木造成了较大的破坏。

传统的治理方式通常是使用化学药剂防控，或者将整片树林砍伐后进行无害化处理，但收效都不太理想。在使用化学药物时，由于这种昆虫体型小且生活隐秘，我们往往不能很好地把握用药时机，再加上树皮的荫蔽、蜡质的保护，药物的作用效果也不佳。此外，大量使

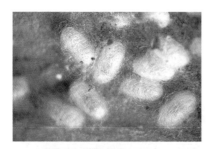

▶ ▶ 日本松干蚧的茧子

图片来源：Liu et al., 2014/*PLoS One*/
CC BY

▶ ▶ 日本松干蚧的雌性成虫

图片来源：Liu et al., 2014/*PLoS One*/
CC BY

用药物不仅会造成污染，还会对天敌昆虫造成更大的伤害。与潜蝇的情况类似，日本松干蚧等害虫的崛起很可能也是因为"二战"后大量化学杀虫剂的使用。

因此，我们要寻求更多的手段进行综合治理。

比如，我们要保护和发掘天敌昆虫的防控潜力。目前我国已知的日本松干蚧的天敌至少有数十种，它们都是捕食性天敌，以瓢虫、花蝽和草蛉为主。但天敌昆虫往往具有季节性，其中春季以瓢虫为主，夏季以花蝽为主，秋季则以草蛉为主。因此，需要建立较完备的天敌系统，才能在各个发

▶ ▶ 在我国，异色瓢虫（*Harmonia axyridis*）是日本松干蚧的重要天敌之一，它们具有多样的色型

图片来源：Peter Gabler/iNaturalist/CC 0

▶ ▶ 被真菌感染的日本松干蚧雌虫
图片来源：Liu et al., 2014/*PLoS One*/CC BY

生季节对害虫进行有效地防控。

此外，一些寄生性的真菌也有探索价值，利用害虫的性信息素松干蚧酮等对成虫进行引诱杀灭，同样是一个可探索的方向。

在疫区周围更换树种也是一个方法。根据葛振华等人的研究，晚松、火炬松、湿地松、刚松、短叶松和长叶松等对日本松干蚧都具有一定的抗性。需要特别指出的一点是，传统人工育林采取单一树种的做法，其实是一个比较大的隐患。这些树林在面对特定的病虫害时往往会迅速崩溃，病害在林木中的传播速度也非常惊人。相比单一树种的树林，混交林具有更大的优势，有更多的生态位，能容纳更多的动植物，从而构成更加复杂的食物链和食物网关系，有利于限制某个物种的爆发性增长。种类多样的树林也能在树木之间通过物种差异构筑起空间屏障，在某种程度上能够延缓侵染某些树种的病害传播。

虫借虫的传播

日本松干蚧或其近亲松突圆蚧固然厉害，能严重地危害松林，但要说危害最大的非松材线虫（*Bursaphelenchus xylophilus*）莫属，后者是目前对我国森林危害最严重的林业检疫性有害生物。

松材线虫的原产地在北美，属于线虫类。线虫是一个非常大的原始动物门类，也是动物界最丰富的类群之一。线虫身体细长，但不像蚯蚓那样分成很多环节，看起来很光滑，很多线虫的两端形态也更

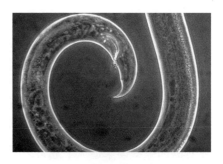

▶ ▶ 显微镜下的松材线虫局部
图片来源：L.D. Dwinell/USDA Forest Service/Bugwood & Wikimedia Commons/CC BY-SA 3.0

尖。线虫有雌性和雄性之分，身体是左右对称的。很多线虫相当微小，必须借助显微镜才能看到，但还有一些体型较大。一个著名的例子就是蛔虫，你可以参见我的《寂静的微世界》，这是一本介绍各类病原体和流行病的书。至于松材线虫，它们就像多数线虫一样也是非常微小的存在，雌虫略大，体长约为 0.8 毫米，雄虫则略长于 0.7 毫米。由于松材线虫很细小，肉眼是看不见的。

由于其不易观察，早期人们并没有准确地意识到它们的危害。1905 年，松材线虫在日本长崎暴发，引起了造成大量松类死亡的松树萎蔫病（pine wilt disease），但直到 1969 年才有日本学者提出这种疾病与线虫类有关。

▶ ▶ 松墨天牛（*Monochamus alternatus*）是松材线虫在我国传播的主要虫媒
图片来源：LiCheng Shih/Wikimedia Commons/CC BY 2.0

松材线虫感染松树是一个非常复杂的过程，需要以天牛为载体，其中墨天牛类（*Monochamus*）是主要的虫媒。且不说松材线虫，天牛本身对森林的危害也很大。天牛是完全变态发育的昆虫，除了成虫啃食之外，幼虫在树干内部蛀蚀生活，破坏树木内部的养分运输。原产地在东亚的星天牛（*Anoplophora chinensis*）不仅在本土为祸，还对欧洲一些国家造成了危害，成为那里的入侵物种；光肩星天牛（*Anoplophora glabripennis*）就更厉害了，不管是在本土还是在欧美入侵地都泛滥成灾。当天牛遇上松材线虫时，情况就会变得更加糟糕，受感染的松树往往当年就会死亡，有些甚至撑不过40天！

　　具体的传染过程是这样的。松材线虫的发育过程包括从卵到四龄幼虫再到成虫几个阶段。成虫交配后产卵，产生下一代松材线虫，这是一般的繁殖状态。但松材线虫的大量繁殖会严重消耗寄主松树的营养和健康，松树很快就会死亡。这时，松材线虫的生存条件变得严酷起来，它们开始取食死木上的真菌。二龄幼虫由此转变为扩散型三龄幼虫，是时候去寻找下一颗松树了。

▶ ▶ 　光肩星天牛成虫
图片来源：zinogre/iNaturalist/CC BY-SA

　　但扩散型三龄幼虫并不能独自完成这件事情。它们需要一个强力的载体，墨天牛就是这样被选上的。扩散型三龄幼虫会去寻找天牛的蛹室，并逐渐聚拢在那里。在天牛完成羽化之前，扩散型三龄幼虫经过蜕皮变成扩散型四龄幼虫。扩散型四龄幼虫在生理结构上有向持久生存的方向转变的显著特征。比如，外部角质增厚，生殖腺停止发育，口针和食道球退化，肠道内积累了脂类和糖原。随后，扩散型四龄幼虫会随着刚羽化为成虫但外骨骼尚未硬化的天牛的呼吸过程，通过其气孔进入天牛体内。

当被感染的天牛成虫取食松木嫩枝或在松树上产卵时，松材线虫就趁机转移到新的松树上。松树上的单萜类等挥发性物质会刺激扩散型四龄幼虫转变为成虫。雌雄成虫交尾后，每只雌虫大约可以产下100颗卵，这些卵很快就会孵化，开启下一轮生命周期。松材线虫的繁殖速度非常快，在30摄氏度以下，大约每3天就可以繁殖一代。在天牛幼虫内部蛀蚀的共同作用下，寄主松树逐渐走向死亡，易感松树的死亡率几乎达到了100%，并且无药可救。

自1982年在南京中山陵首次发现松材线虫以来，它们在我国的适应能力逐渐加强，适应范围逐渐扩大，寄主范围和虫媒种类也逐渐增多。

2019年，全国共有18个省级行政区、666个县级行政区、4 333个乡镇级行政区发生了松材线虫疫情，疫情总面积达到111.46万公顷，共造成1 946.74万株松树枯死。到2020年，受影响的县级行政区增加到726个，乡镇级行政区增加到5 479个，疫情总面积增加到180.92万公顷，病死松树达到1 947.03万株，由此可见形势之严峻。

但是，这并不意味着松材线虫入侵的脚步就不可阻挡了。以2018年新发现松材线虫的天津为例，由于发生面积小（24公顷）、处理及时、到位，天津2019—2020年连续两年无疫情，已达到拔除标准。

2018 年国家林业和草原局发布的《松材线虫病防治技术方案》，可以用作防控松材线虫的基本依据。这份方案确立了以疫木清理为核心，以虫媒药剂防治、诱捕器诱杀、立式诱木引诱和打孔注药为辅助的"一核心、四辅助"措施。但如果仅限于此，可能不足以完全清除松材线虫的感染，各地还需要主动根据当地的情况制订一些针对性方案，并在实践中不断加以改进。特别是有关职能部门需要提高警惕、加强监测，切不可掉以轻心。以 2020 年为例，90%的新疫区有记录时即为大面积发生（超过 100 公顷），"严重延误了疫情除治关键期，极大地增加了疫情防控难度"。毫无疑问，这是一场非常不好打的硬仗，但为了国家森林生态安全，我们坚决要打。

第7章

蜗牛、土豆和
看不见的世界

▶ ▶ 随手捡到的非洲大蜗牛壳

图片来源：本书作者 摄

蜗牛与管圆线虫

我走在广州华南农业大学校园内的一条静谧的小路上，只听咔嚓一声，我似乎踩到了什么东西？我回过头看，发现受害者是一只蜗牛，很大的那种。我光顾着想事情，没有留意到这个慢吞吞的家伙。我刚刚在树上见过这种蜗牛，它的名字叫褐云玛瑙螺（*Lissachatina fulica*），俗名为非洲大蜗牛。在广东，这种东西真的很常见，你总有机会遇到它们，至于它们的壳那就更多了。

毫无疑问，非洲大蜗牛也不是本土物种，原产地在东非，是世界上个体最大的陆生蜗牛。

非洲大蜗牛在1800年入侵了非洲的马达加斯加，并在19世纪向东扩散至塞舌尔和法属留尼汪，1900年到达斯里兰卡，在之后的二三十年内，它们继续向东亚和东南亚扩散。在第二次世界大战期间，伴随着日本的军事行动，非洲大蜗牛进一步得到扩散。在我国，非洲大蜗牛始见于20世纪30年代，可能是由植物携带卵或幼螺无意引入的。目前，它们分布于我国南方的多个省份，在一些地方几乎达到了随处可见的地步。

非洲大蜗牛食量很大，取食作物，对农业、园艺和林业都有比较大的危害。非洲大蜗牛也会携带病原体，但与松材线虫找上了本土天牛不同，这一次是本土病原体广州管圆线虫（*Angiostrongylus cantonensis*）找上了入侵的非洲大蜗牛，使其成为中间宿主。

广州管圆线虫也是线虫类，1935 年由陈心陶教授在广州怡乐村附近的家鼠和褐家鼠肺动脉内

▶ ▶ 树上的非洲大蜗牛
图片来源：本书作者 摄

首次发现，初始名称为广州肺线虫。1946 年，其更名为广州管圆线虫。褐家鼠、黑家鼠和黄胸鼠等鼠类是广州管圆线虫的主要终宿主。但是，吸虫、线虫之类的寄生虫的生活史都比较复杂，往往涉及中间宿主。如果你对此类生物的生活史比较感兴趣，可以参看我的《寂静的微世界》。事实上，相当多的流行病暴发事件也是微生物入侵事件，此类例子很多，我在那本书中对人畜共患病做了非常详细的介绍。

广州管圆线虫也是人畜共患病的病原体。蛞蝓、田螺等蜗牛类动物可以作为广州管圆线虫的中间宿主，虾蟹、涡虫、蛙和蜥蜴等爬行动物可以作为广州管圆线虫的转续宿主。人通常是通过食用被广州管圆线虫的各种宿主或其Ⅲ期幼虫污染的蔬菜和其他食物等而被感染

的。人是广州管圆线虫的非适宜宿主，理论上不存在人向外传染的情况，但这并不影响被感染的人会出现严重的症状。

广州管圆线虫在人的消化道内会穿过肠壁进入血液，并在人体内移行，其间会造成组织损伤，比如肠炎、肺部感染等。之后，广州管圆线虫会穿过人的血脑屏障移行到脑内，经过两次蜕皮，寄生在那里。一旦幼虫损伤人脑，就有可能造成比较剧烈的症状，包括神经系统障碍、脑炎、视力障碍等，严重时会引起昏迷或死亡。

从1945年我国台湾地区记录第一例患者以来，全球共记录了数千个案例。最近20年，广州管圆线虫的暴发变得越发频繁，规模较大的至少有12次，甚至波及了北京。2004年，原卫生部将广州管圆线虫病列入新发传染病。由此可见，我们已经不能对该病等闲视之了。

而正在扩散的非洲大蜗牛就是广州管圆线虫的新宿主。近年来，在亚洲地区和太平洋岛屿发生的嗜酸性粒细胞性脑炎（eosinophillic meningoencephalitis），据说就与非洲大蜗牛的传播有关，甚至远在南

美的巴西也检测到了携带广州管圆线虫的非洲大蜗牛。广州管圆线虫在我国感染病例的增多，恐怕也与非洲大蜗牛的扩散不无关系。

当然，广州管圆线虫不仅找上了非洲大蜗牛，还找上了福寿螺，后者也是入侵物种，正式的名称叫沟果瓶

▶ ▶ 正在产卵的福寿螺

图片来源：Walter S. Prado/iNaturalist/CC 0

螺（*Pomacea canaliculata*）。稍微想一下，我们也能猜到这种邪恶的水生螺类为什么会有这么吉祥的名字——我们身边还有众多此类名称，比如富贵竹、发财树等，其中没有一个不是外来物种。比如，富贵竹（*Dracaena sanderiana*）的英文俗名叫"lucky bamboo"，也就是幸运竹的意思，它在国内还有万寿竹、开运竹等名字。富贵竹在生物学意义上本是龙血树属植物，和竹类没有一丁点儿关系，它的原产地在非洲中部，和中国的传统文化也没有一丁点儿关系。只能说全球商家的套路都够深，但国内市场尤甚，现在这种植物又有了一个英文俗名叫"Chinese water bamboo"（中国水竹）……顺便一提，尚且不论富贵竹贸易能不能带来幸运，但它们沿路散播入侵性蚊虫却是实打实的。

▶ ▶ 福寿螺粉色的卵很有辨识度，通常出现在植物的茎干上
图片来源：郭雅彬　摄

福寿螺的引入当然是商业性引入，它们的外形和田螺有几分相似，1980年作为食用螺类被引入台湾地区养殖，1981年被部分养殖户盲目引入大陆，之后因为随意丢弃而造成了扩散。福寿螺逃逸后"食性广杂，见青即食"，严重危害了水稻等水生农作物，并对当地的水生植物、贝类等构成威胁。福寿螺也是卷棘口吸

虫、广州管圆线虫等的中间宿主，人食用未煮熟的福寿螺后会有一定的寄生虫感染风险。

土豆与大饥荒

我再来讲一个关于土豆的故事。土豆的正式名称叫马铃薯，还有一些地方叫洋芋——我是在当地的小饭馆里点了炒洋芋这道菜以后，才确认了两者之间的关联。大约在公元前 8000 年到公元前 5000 年，秘鲁地区的原住民就开始种植土豆了，在那里，土豆成了印加帝国人及其接任者——西班牙殖民者的主要能量来源。从安第斯山地区返回欧洲的西班牙士兵往往也会携带土豆当作旅途中的干粮，就这样，大约在 16 世纪晚期，土豆被带到了欧洲。

起初，欧洲人只是把它们当作盆栽植物，观赏花朵，而且土豆花确实不难看。但少有人吃它们，因为土豆是伴随着异域的文化背景和成见来到欧洲的：只有被殖民的未开化民族才食用土豆。欧洲人为了拒绝土豆，想出了五花八门的理由。他们只相信谷物，尤其是小麦，并拿土豆与小麦做对比，认为向上生长的小麦指向太阳和文明，而向下生长的土豆则指向地府和厄运；如果小麦让人联想到高贵、阳刚之美，土豆则让人联想到"异教"的邪恶、黑暗。

但是，土豆在贫瘠土地上的顽强生存能力和惊人的产量还是让一些人渐渐注意到它们。于是，欧洲各国的统治者开始尝试推广这种新型的粮食作物。但是，很多国家的进展并不顺利。人们对土豆的偏见已经根深蒂固，包括德国的腓特烈大帝和俄国的叶卡捷琳娜女皇都无功而返。法国国王路易十六虽然被称为昏君，但在这件事上却做得很好。他让王后头戴土豆花到处显摆，白天派重兵看守土豆田，晚上则默默地放任好奇的国民们偷走土豆去品尝、种植，由此取得了不错的效果……就这样跌跌撞撞，土豆慢慢地在欧洲推广开来。

其中有一个特别的国家，那就是爱尔兰。它是一个与英格兰隔海相望的岛国，土地贫瘠、人民贫穷，处于半饥饿状态的他们毫不犹豫地选择接受土豆。土豆在爱尔兰普及的直接结果就是大龄未婚青年锐减，婚龄普遍降低。在土豆推广前，攒钱买一块足够养家糊口的地可不是一件容易的事情，很多爱尔兰小伙子因此拖成了大龄青年；但土豆推广后情况就变了，有一小块种植土豆的田地就能满足结婚的需求。

土豆的高产和婚龄的降低直接促使人口激增。据统计，1660年爱尔兰人口约有50万，1688年约有125万，1760年约有150万，到1841年猛增到810万。从1660年到1841年的180多年里，爱尔兰人口增加了15倍。与此同时，爱尔兰的农业变得兴旺繁荣。然而，犹太人有一句很出名的话"不要把鸡蛋都放在一个篮子里"，爱尔兰人的危机也在悄然降临。

1840年，用炮舰撬开古老中国大门的英国人将主要精力放在了东亚，而忽视了来自其属地爱尔兰的一份报告。这份报告说在爱尔兰发现了一种真菌，靠风或水携带孢子传播，能够迅速引起土豆发霉、腐烂。

1845年，在爱尔兰多雨的日子里，这种真菌席卷了爱尔兰全境，土壤中的土豆变黑，植株枯萎，土豆饥荒到来了。短短几年内，100多万爱尔兰人在饥饿中死去，还有150万人背井离乡，去往美洲大陆寻求生计，以至于今天12%的美国人具有爱尔兰血统……1851年饥荒结束后的人口统计显示，爱尔兰只剩下大约650万人，10年之内人口锐减了20%。正所谓"成也土豆，败也土豆"。

▶ ▶ 被感染的土豆
图片来源：Scott Bauer/USDA/Public Domain

这就是著名的爱尔兰土豆饥荒（Irish Potato Famine），这种疫病后来被称为马铃薯晚疫（Potato Late Blight），病原体是致病疫霉（*Phytophthora infestans*）。

爱尔兰的这场马铃薯晚疫病在19世纪中叶突然暴发，没有任何征兆。这意味着病原体致病疫霉应该是通过某些途径偶然传播到了这里。最初的观点认为致病疫霉可能和土豆同样来自南美的安第斯山区，但这一观点随即受到质疑：倘若晚疫病是那里的地方病，为什么植物学家没有观察到？

1939年，雷迪克（D. Reddik）发表文章，指出墨西哥本土的茄科植物对致病疫霉具有抗性，这意味着这里曾经被致病疫霉肆虐过。十几年后，人们又发现墨西哥中部托卢卡河谷的致病疫

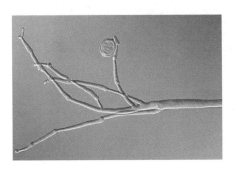

▶ ▶ 显微镜下的致病疫霉菌丝
图片来源：Jie-Hao Ou/iNaturalist/CC BY

霉是有性生殖的，包括 A1 和 A2 两个交配型，并且拥有更多的遗传类型。而之前人们知道的致病疫霉都是无性繁殖的，更多的遗传多样性和繁殖类型意味着更大的原产地概率。随着现代生物技术的发展，更多的分子生物学证据涌现了出来。虽然溯源工作略有波折和争论，但到了 2014 年，艾丽卡·戈斯（Erica M. Goss）等人通过分析大量的样本，终于锁定了这场爱尔兰瘟疫的病原体的最初发源地——墨西哥中部地区。至此，溯源工作基本上可以告一段落了。但是，致病疫霉又是如何从美洲中部到达爱尔兰的呢？这个问题恐怕很难说得清了。但致命疫霉未必是通过土豆携带的，也有可能是通过其他茄科植物，至少我们知道它们对番茄同样致命，可以在几小时内摧毁整株植物。

▶ ▶ 致病疫霉侵染番茄
图片来源：Scot Nelson/Wikimedia Commons/CC 0

今天，由致病疫霉引起的晚疫病仍然是最具破坏力的作物疾病之一，也是对马铃薯种植来说最具威胁性的疾病。每年因晚疫病引起的马铃薯损失和管理花费超过60亿美元。致病疫霉在全球的种群也在不断变化。当年引起爱尔兰饥荒的很可能是一个被称为HERB-1的菌株谱系，并且至少占据优势地位达50年之久。之后，它就被关系密切的US1菌株谱系替代，US1是A1交配型菌株，HERB-1很可能也是。接下来，更多的菌株类型产生了。继A1交配型从墨西哥扩散出来，1982年A2交配型也首次在西欧被检测到，到1990年它们已经传播到了欧洲大部、苏联、朝鲜半岛、埃及，就连巴西也有了。越来越多的菌株类型出现在我们的记录中。我国是马铃薯生产大国，最初只有A1交配型菌株的记录，1996年以后也发现了A2交配型菌株。

大量真菌杀菌剂被用于保护马铃薯和番茄，以美国为例，仅2001年就使用了2 000多吨杀菌剂来抑制这一病菌。然后，耐药性就产生了。比如，1994—1995年，北美暴发了从墨西哥传入的耐精甲霜灵（mefenoxam）菌株US6、US7和US8，损失惨重。2012年以来，北美的耐药型菌株比例有所下降，但世界上很多地方仍然是耐药型和敏感型菌株混合存在，而耐药性的产生机理尚未完全明确。

危害农作物的不仅限于致病疫霉，还有其他很多外来微生物，比如大豆疫霉（*Phytophthora sojae*）。让人意外的是，尽管中国是大豆的原产国，却并非大豆疫霉的产地，它们1948年在美国首先被发现，几十年后才传入我国东北地区。尽管这种病菌的宿主范围并不广泛，但仍会感染不少豆类，比如菜豆、豌豆、羽扇豆属植物等。因此，大豆疫霉很可能原本只是感染其他豆科植物的寄生真菌，后来才增加了大豆这一宿主选项。但是，它对大豆的杀伤力是真的强，可以达到50%以上的减产效果，严重的地块可能会绝收，大豆的品质也会受到很大的影响。

对抗这两种疫病的方法，除药物控制以外，就是加强检疫和培育抗病品系，目前已经取得了一定的成效。

逐渐稀疏的蛙鸣

南宋著名词人辛弃疾的《西江月》里有一个名句："稻花香里说丰年，听取蛙声一片。"曾几何时，春夏的蛙鸣是那么常见，不论是在路边还是草丛里。但是，现在却不那么容易听到了。其中有我们居住的环境正在发生变化，乡村风情正在渐行渐远的原因。然而毋庸置疑，包括蛙和蝾螈等的整个两栖动物类群正在全球范围内显著衰退。根据 2004 年世界自然保护联盟的《濒危物种红色名录》的数据，在统计的 5 743 种两栖动物中，有 1 856 种处于濒危状态，占比为 32.3%，明显高于鸟类和哺乳动物的占比；至少有 43.0%，也就是2 468 种两栖动物种群正在经历某种程度的衰减，与之形成鲜明对比的是，只有 28 种，也就是 0.5%的种群处于增长状态。这是一个非常糟糕的局势。

两栖动物急剧衰减的现象在 20 世纪 80 年代被学者们察觉到，随后达到了高峰，且今天仍在继续。事实上，一些地域直到 21 世纪初才被波及，因此远未到停止的时候。引起两栖动物衰减的原因很复杂，归结起来主要原因一共有 6 个：经济开发，外来物种对本土两栖动物的捕食、竞争和寄生，栖息地被破坏，污染，全球气候变化和疾病感染。其中，近几十年来壶菌病的传播就是一个重要的推动力量。

2019 年，本·舍勒（Ben C. Scheele）等人在《科学》杂志上撰文，至少有 501 种两栖动物种群的下降与壶菌病的侵染有关，其中 90 种已经灭绝或即将灭绝，占比约为 18%，还有 124 种种群的数量下降了 90% 多。2020 年，马克斯·朗伯（Max R. Lambert）等人在《科学》上撰文指出舍勒的统计有些不严谨，但紧接着舍勒等人又发文回应，批评朗伯等人的观点片面，表示仍然坚持自己的数据。两波人吵得热闹，在数据细节上相互纠缠，但都认可两栖动物因为壶菌病而遇到了大麻烦这一事实。

造成这场感染的壶菌物种目前已知有两个，一个是蛙壶菌（*Batrachochytrium dendrobatidis*），另一个是蝾螈壶菌（*Batrachochytrium salamandrivorans*），前者造成的危害更大，但后者也不可小视——除亚洲的一些蝾螈以外，其他地区的蝾螈对蝾螈壶菌表现出高度易感性。它们都是真菌，而且很可能都来自亚洲。根据西蒙·沃汉伦（Simon J. O'Hanlon）等人对蛙壶菌的全基因组和遗传多样性进行的比对和分析，蛙壶菌最初可能来源于朝鲜半岛，传播时间可以追溯到 20 世纪早期。进一步

▶ ▶ 被蛙壶菌感染的垂死的负子蟾（*Alytes obstetricans*），伴随着异常的姿势和大面积的皮肤脱落
图片来源：Rooij et al., 2015/Veterinary Research/CC BY 4.0

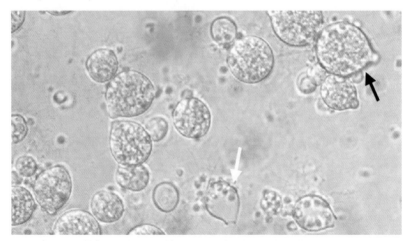

▶ ▶ 蛙壶菌的显微镜形态特征，黑色箭头所指为成熟的游动孢子囊（mature zoosporangia），白色箭头所指为空的孢子囊，比例尺为 100 微米

图片来源：Rooij et al., 2015/Veterinary Research/CC BY 4.0

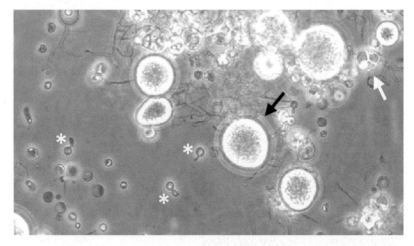

▶ ▶ 蝾螈壶菌在培养基上的显微镜形态特征，黑色箭头所指为主要的单中心叶状体（predominant monocentric thalli），白色箭头所指为少数巢状叶状体（few colonial thalli），星号所指为带有胚管的游动孢子包囊（zoospore cysts with germ tubes），比例尺为 100 微米

图片来源：Rooij et al., 2015/Veterinary Research/CC BY 4.0

的分析表明，两种壶菌的扩散与两栖类的全球贸易直接相关，蝾螈壶菌的传播更是直指宠物贸易。换言之，人类在两栖类贸易中，借由染菌的两栖类动物或器具，将瘟疫散播到了各个大洲，致使它们不断

▶ ▶ 被蝾螈壶菌感染的火蝾螈（*Salamandra salamandra*），伴随着皮肤的溃疡和脱落，白色箭头所指为感染区域，图 b 为放大细节

图片来源：Rooij et al., 2015/Veterinary Research/ CC BY 4.0

感染新的宿主。当然，真菌在传播过程中还会产生新的变异，随后新菌株又会加入整个传播网络。

　　贸易中的一些两栖动物本身也有可能转变为凌厉的入侵物种，比如牛蛙（*Lithobates catesbeianus*）。牛蛙是一种体型硕大的淡水蛙类，原产地在北美落基山脉以东地区，肉可以食用。我国在 1959 年从古巴引进牛蛙进行养殖，目前它们仍是经济养殖蛙类，还是出口食品。

▶ ▶ 牛蛙

图片来源：ChrisMcV/iNaturalist/CC 0

不出意外，逃逸的牛蛙已经在南方一些省份形成了自然种群，并成为当地蛙类区系的组成部分。毫无疑问，这个过程也是本土水生动物的血泪史。牛蛙食量很大且性情凶猛，主要捕食蝌蚪和小型蛙类的成体，还会捕食幼鱼及其他小动

物，具有改变当地两栖动物乃至水生动物分布格局的能力。此外，一些牛蛙还是蛙壶菌菌株的耐受携带者，可以在自身存活的前提下长期携带菌株，并成为壶菌病在全球范围内的传播媒介。从这个角度来讲，其间接生态威胁一点儿也不亚于直接威胁。

这样的例子也不仅限于两栖类动物，还有锈腐病菌（*Pseudogymnoascus destructans*）和西尼罗病毒（West Nile virus, *Flavivirus* sp.）等，前者会感染蝙蝠，后者会感染鸟类。

锈腐病菌是感染欧亚大陆冬眠蝙蝠的真菌，在那里并没有造成太大的问题。但它们被携带和传播到美洲后情况就不一样了。2005年前后，锈腐病菌造成北美冬眠蝙蝠的大量死亡，种群数量下降了50%~90%。

病菌会感染蝙蝠裸露的皮肤，比如口鼻、耳和翼膜等。而且与皮癣不同，感染不只发生在表皮，还会进入更深层的真皮，造成溃疡和糜烂，被称为白鼻综合征（white-nose syndrome）。

然而，为什么它对原产地欧亚大陆的蝙蝠却威胁不大呢？难道是因为两者共同演化了很多年而彼此适应了吗？

约瑟夫·霍伊特（Joseph R. Hoyt）等人从另一个角度给出了答案。锈腐病菌是适应低温环境的真菌，它们通常保有在阴湿的洞穴中，而那里正好是蝙蝠越冬的场所。锈腐病菌的孢子也被证明可以存活较长时间，甚至能够被人类活动所携带。正是因为如此，一些研究者建议前往美洲洞穴工作或探险的人在从一个洞穴前往下一个洞穴之前，一定要认真清洁他们的衣物、靴子和手套等用具，以免造成病菌的人为传播。霍伊特等人的研究发现，在夏日，欧亚大陆洞穴中的锈腐病菌

▶ ▶ 感染了白鼻综合征的北美蝙蝠，其鼻部可以看到明显的白色

图片来源：Kimberli J Miller/National Wildlife Health Center/USGS/Public Domain

▶ ▶ 冬季因感染锈腐病菌而从洞顶掉落的死亡蝙蝠

图片来源：Kimberli J Miller/National Wildlife Health Center/USGS/Public Domain

会有非常明显的衰减，降至极低的水平，以至于不能对冬眠的蝙蝠造成很大的威胁。而在它们形成比较严重的伤害之前，冬眠的蝙蝠已经苏醒，并且很快就会将这些病菌清除掉。但北美的情况不同，洞穴中保有的锈腐病菌非常多，足以将感染的冬眠蝙蝠杀死。至于为什么会出现这种情况，霍伊特等人推断这很可能是因为欧亚大陆的一些竞争者或其他生物在夏季的活动降低了锈腐病菌的数量，而美洲大陆的新环境中并不存在这些抑制病菌的生物。

西尼罗病毒是在 1937 年首先从乌干达西尼罗河地区一位发热女性的血液中分离出来的，属于黄病毒类，和著名的登革热病毒的亲缘关系较近（登革热是蚊媒传染病，更多的信息可以参见《寂静的微世界》）。现在我们知道这是一次偶发感染。西尼罗病毒的主要宿主是鸟类，蚊子是它们的中间宿主。西尼罗病毒在自然界中是以蚊–鸟–蚊的循环状态存在的，但它们确实会因为蚊虫叮咬而感染人。只不过人不是它们的适宜宿主，80% 的人不会表现出症状，但少数人也会出现比较严重的症状，甚至会死亡。迄今为止，还没有人传染人的记录。

但后来，这种病毒显然发生了扩散。初期，西尼罗病仅发生在地中海区域，包括非洲和中东地区，也没有大暴发的记录。但从 1994 年开始，毒株致病性逐渐增强，出现严重症状患者频率有所升高，并伴有神经损伤症状。

1999 年，西尼罗病毒输入美国并在人群中造成了大规模疫情。1999—2005 年，美国共报道了诊断病例 19 525 例，其中 8 606 例表现出神经损伤症状，最终有 771 例死亡。尽管如此，多数感染者其实并没有什么症状。比如，2003 年美国北达科他州的血液筛查显示有 73.5

万人感染了西尼罗病毒，其中仅有 0.4% 的人表现出较严重的神经损伤症状。但是，这场疫情对其主要宿主北美鸟类的冲击就大不一样了。

欧洲和非洲的鸟类感染后症状都比较轻，死亡的情况非常罕见。但北美鸟类很惨。在病毒入侵的头 5 年，就有数以百万计的鸟类死亡。西尼罗病毒对北美鸟类具有极高的致病性，鸦科鸟类对其尤其易感。

2007 年，香农·拉多（Shannon L. LaDeau）等人在《自然》杂志上发表了对 11 科 20 种鸟类的种群数量在受到疫情冲击时的监测结果和分析，显示有 13 种鸟类的种群数量在疫情之后达到了 10 年来的低点，有 8 种达到了 26 年来观测记录的最低点。在感染死亡率方面，短嘴鸦（*Corvus brachyrhynchos*）最严重，达到了 100%；冠蓝鸦（*Cyanocitta cristata*）次之，达到了 75%；随后是渔鸦（*Corvus ossifragus*），达到了 53%。

卢克·乔治（T. Luke George）等人对 49 种鸟类长达 20 年的标本记录的分析显示，至少有 23 种受到了明显的冲击，占比为 47%。其中一些鸟类的状况非常惨烈，比如，红眼莺雀（*Vireo olivaceus*）在北美的种群数量估计为 1.3 亿只，但在疫情来袭的那一年红眼莺雀的生存率下降了 29%，这意味着有超过 3 000 万只感染致死。不过，红眼莺雀的种群在后来的年份里得以恢

▶ ▶ 短嘴鸦北美亚种（*Corvus brachyrhynchos caurinus*），俗名为北美乌鸦

图片来源：davidbroadland/iNaturalist/CC 0

复。那些数量持续下降的种群受到的影响可能更大，以歌莺雀（*Vireo gilvus*）为例，它们的种群数量以每年 8.7% 的幅度下降，这意味着疫情发生的 5 年内约有 1/3，即 1 500 万只歌莺雀死亡。最终，在这 49 种鸟类中，有 11 种像红眼莺雀那样在疫情初期受到了明显冲击，但随后种群数量又恢复到了疫情之前的水平。但与此同时，还有包括歌莺雀在内的 12 种鸟类的种群数量在至少 5 年内没能恢复。

事实上，受到了影响并发生了大规模死亡事件的北美鸟类的种数可能远不止这些，至少美国已经确认有超过 300 个鸟类物种可以成为西尼罗病毒的宿主。

南美似乎正在成为西尼罗病毒输出的下一站。2000 年，在墨西哥，一种迁徙的鸟类黑枕威森莺（*Setophaga citrina*）被发现携带了该病毒。2004 年，哥伦比亚在马的血清中检测到了西尼罗病毒抗体——马是除人类以外另一种已知会感染的哺乳动物。2006 年，阿根廷也在两匹马的体内检测到了西尼罗病毒，而且它们都表现出了症状，最终死于该病。2015 年，巴西报道了该国的第一例人类感染病例，之后又有零星病例；2019 年，该国又从圣埃斯皮里图州的一匹马的大脑中分离出西尼罗病毒。

由于南美聚集的主要是发展中国家，检测力量有限，又缺乏像短嘴鸦这样易感且易表现出大面积严重症状的哨兵鸟类[①]，到本书写作完成时，这种疾病在该地区鸟类中的传播和发生情况尚不十分明确，还需要做更多工作。

---

① 哨兵动物或哨兵人群指那些最容易接触到某种疾病的动物或人，对其进行监控可以更快掌握此种疾病的发生情况，起到预警作用。

第 8 章

家养动物与
"孤岛"

▶ ▶ 2021 年冬日，我在街角偶遇了一只小猫。不能确定它是一只散养猫，还是一只流浪猫。
图片来源：本书作者　摄

骆驼的变迁

2021 年年末，《博物》杂志的新媒体编辑找到我，约了一期关于骆驼的选题。这让我很快想到了单峰驼（*Camelus dromedarius*）如今的境遇。骆驼是著名的荒漠物种，有"沙漠之舟"的美誉，在相当长的时间内也是维系丝绸之路上东西方文化交流的重要纽带。

其实骆驼有三个物种，除了单峰驼，还有野骆驼（*Camelus ferus*）和家骆驼（*Camelus bactrianus*）。野骆驼和家骆驼都有两个驼峰，通常被称为双峰驼，一些观点认为它们是一个物种的两个亚种，但近期的分子生物学证据更倾向于将它们视为两个物种。骆驼整个类群的最初起源地在美洲，而且很可能是北美。在四五千万年前，它们从牛类中分离出来。不早于 1 700 万年前，它们分化出早期骆驼（Camelini）和美洲驼（Lamini）两个类群，后者是今天的羊驼、骆马等的祖先。大约在中新世晚期，也就是距今 724.6 万至 490 万年，通过白令地峡短暂（从地质时间尺度上说）形成的陆桥，它们进入了欧亚大陆，并在大约 440 万年前分化出双峰驼和单峰驼。

► ► 家养的双峰驼

图片来源：flyingrussian/Adobe Stock/
图虫创意

► ► 家养的单峰驼

图片来源：Aziz/Adobe Stock/图虫创意

　　既然骆驼从美洲大陆进入
了欧亚大陆，那么它们算是入
侵物种吗？依据当前入侵物种
的概念，它们不算，而应该算
自然扩散。我们所说的入侵物
种应该包括人为因素，不管是
有意引入还是无意携带。至少，
那时的骆驼是不能算作入侵物
种的。

　　毫无疑问，骆驼对欧亚大
陆的适应是成功的，尤其是在
荒漠戈壁。在分布上，双峰驼
更倾向于比较寒冷的地方，而
单峰驼则更钟情于炎热的环境。

　　但不管是哪种骆驼，它们
都对荒漠气候具有适应性的演
化特征。比如，双峰驼具有复
层眼睑和多层睫毛，发达的漏
斗肌可以使凸出的眼球在必要
时收缩，以减少风沙的侵袭。
不过，骆驼的泪腺并没有想象
中的发达，被风沙迷眼的时候
虽然也会流眼泪冲刷，但不会

哗哗地流，这可能与在荒漠中的节水特性有关。同样，为了抵御风沙，骆驼的鼻孔也能随时关闭。

行走在沙地上，骆驼的四肢和关节强健，"乙"字形头颈不仅起到了调节重心的作用，也在骆驼快步走和奔

▶ ▶ 羊驼
图片来源：本书作者 摄

跑的时候起到了平衡作用，既节省了体力，也使它们的步伐更加稳健。双峰驼足的两趾形成了大而扁平的趾枕，足踩入沙时几乎与沙面平行，出沙时则成一定的角度离开，既可以获得足够的推动力，又减小了对沙土的扰动。

为了应对荒漠和沙漠地区糟糕的食物，骆驼还长有强健的嘴巴，不仅下颌灵活，可以大幅度咀嚼，嘴巴里也是皮糙肉厚，可以吃下别的家畜都不敢碰的有刺、硬钝的枝条等食物。它们虽然也是反刍动物，但胃的构造和牛羊不同，更加强力、坚韧。

骆驼采取了很多措施来减少水分的流失，比如，通过鼻孔中类似冷凝腔的构造回收水，通过强大的肾脏减少尿液的水含量，等等。它们的身体极度耐受缺水，在不摄水的情况下可以坚持 10 天甚至更久，并且能够忍受因失水而造成的多达 30% 的体重损失。但在有水的时候，它们也能够迅速补充水分，在缺水情况下的一次摄水就可以使体重在短时间内增加 25%。

不过，这部分水并非主要储存在那著名的驼峰中。尽管驼峰中保

有的脂肪在氧化后也可以产生水——1 克脂肪氧化后可以产生 1.07 克水，但吸入氧气呼出二氧化碳的呼吸过程也会伴随着水的损失，脂肪的主要作用还是为生存提供能量。过去，人们一度认为这些水可能储存在骆驼胃的小囊结构中，后者也被称为水脬。但解剖学的证据不支持这一观点，水脬既没有与胃内的其他空间充分隔离，数量也不够多，储水作用有限，相反，它们含有较多消化腺体，可能与消化作用的关联更大。就像很多生活在干旱地区的动物一样，体液和血液才是骆驼储水的主要场所，后者可以容忍大量失水，也可以在骆驼饮水后迅速稀释。

这一系列的适应性特征使得骆驼在荒漠中站稳了脚跟。但人类的到来改变了这一局面，捕猎、驯化及栖息地的丧失，导致骆驼的种群数量急剧衰退。在人类社会早期，单峰驼在热带干旱地区的分布可能相当广泛，在我国境内也有一定的分布。曾经被贬到新疆的清代名臣纪晓岚在《阅微草堂笔记》中记载新疆"有野驼，止一峰"，但这种情况也比较罕见，他还推断古人所说的名菜驼峰其实应该是单峰驼的驼峰。继续向前追溯，《新唐书·吐蕃传》中记载"吐蕃独峰驼，日行千里"，汉代的大月氏也被记载有单峰驼。在阴山和新疆的一些岩画中，也都出现过单峰驼的形象。以上种种表明我国境内曾经存在过一定数量的单峰驼。今天，尽管单峰驼依然是西亚等地的重要牲畜，但野生单峰驼在全球范围内已经灭绝。

至于双峰驼，它们的分布范围一度也很广，在我国境内更是达到了西部和北部的广大地域。然而今天，仅有少数野骆驼生存于我国西北和中蒙边境地区，数量只有七八百头，属于极度濒危物种。现在，家养骆驼的数量已经远超野生骆驼。

让人唏嘘的是，在澳大利亚发生了另一个故事。

19 世纪是欧洲殖民者大肆扩张的时期，大洋洲也是如此。然而，这块大陆的腹地炎热又干旱，适应这种环境的单峰驼理所当然地成了殖民者在这里使用的重要牲畜。从 1840 年开始，单峰驼被引入了澳大利亚。

1880—1907 年，有多达两万头单峰驼被引入这块大陆。但到了 1920 年，因为机械发动机驱动的运输工具越来越普及，澳大利亚圈养骆驼的数量开始下降。此时，官方记录在案的圈养骆驼有 12 649 头，到 1941 年这个数量下降至 2 300 头。

然而，在这段动荡的时间里，并不是所有骆驼都被处理掉了，而是有相当一部分被放生了！圈养的骆驼确实越来越少，但野化的家养骆驼却越来越多。麦克奈特（T. L. McKnight）在《澳大利亚的骆驼》（The Camel in Australia）一书中估计，到 1940 年前后，澳大利亚的野化骆驼已经有 3 万~9 万头了。

毫无疑问，在欧亚大陆这个演化大战场上脱颖而出的骆驼，面对澳大利亚本土的有袋类食草动物时，具有巨大的优势。骆驼种群快速繁殖，压缩着本土竞争对手的生存空间，并迅速壮大。在相当长的一段时间内，骆驼种群很可能以每年 10% 的速度增长。对骆驼来讲，大洋洲腹地广袤的荒漠地带是一块绝佳的栖息地。它们的分布范围从大陆中部的一块带状区域逐渐扩大到几乎整个澳大利亚中西部地区，到 2010 年前后，它们的数量达到了一两百万头。

在澳大利亚，这些骆驼已经造成了很大的生态压力，毫无疑问，

▶ ▶ 澳大利亚内陆的野化单峰驼群

图片来源：vekidd/Adobe Stock/图虫创意

▶ ▶ 澳大利亚内陆公路的路标，单峰驼的活动可能会引发交通事故

图片来源：nick holdsworth/Adobe Stock/图虫创意

它们是入侵物种。当地人意识到它们的生态威胁后，不得不开始大量猎杀骆驼。当然，骆驼体型大，只要意识到了问题所在，控制它们还是比较容易的，至于能控制到什么程度，就要看澳大利亚人的决心了。

来自旧大陆的降维打击

在澳大利亚，入侵物种更大的危害来自兔子，这包括了野生穴兔和它的驯化成果——家兔，以及野生型和家养型的杂交型。这要从很早以前说起。1786 年，英国政府决定将澳大利亚这块"新地盘"作为殖民地和流放地。经过一年多的航行，1788 年，英国皇家第一舰队在悉尼港登陆，随船到达的还有兔子。一开始，兔子是被圈养用作食物源的，但它们到底是从什么时候开始逃逸到自然界的，已经很难说清了。1827 年，紧邻大陆的塔斯马尼亚就有了野化的兔子群。1840 年前后，养兔子的人也越来越多，澳大利亚大陆可能已经存在逃逸的情况。1859 年，一位名叫托马斯·奥斯汀的农场主把 24 只兔子放养到自己的领地上用于打猎消遣，这里面有家兔也有野兔。今天，人们通常认为这位农场主起了主要的作用。我一度以为他也许只是其中一个典型，而不能扛下所有的锅。但乔·阿尔夫斯（Joel M. Alves）等在 2022 年的基于分子生物学的溯源研究表明，他可能真的得扛下绝大多数责任，尽管澳大利亚大陆的兔子确实是通过多次入侵进入的。

总之，在澳大利亚人丝毫没有察觉的情况下，一场几乎不受任何限制的可怕扩张在这块大陆上开始了。

就像骆驼一样，兔子把澳大利亚本土的食草动物压制得死死的，占据绝对优势地位。不管是骆驼还是兔子，哪怕它们已经为人类所驯化，在生存能力上要逊色于其真正的野生祖先，它们仍然是出身于欧亚大陆的哺乳动物。这一点与澳大利亚本土的野生动物大为不同。澳大利亚大陆在五六千万年前就与南美大陆分离了，从此成为一座庞大的孤岛，那里的哺乳动物当时才刚演化到有袋类的水平。然而，在欧亚大陆更广阔的生存空间中，哺乳动物正在进行着激烈的生存竞争与演化，并且不时地通过白令海峡与北美大陆进行物种交流。距今 900 万至 300 万年，南美大陆终于再次与北美大陆相连，完成了一次惊心动魄的"美洲生物大交流（Great American Biotic Interchange）"。（关于这个故事，如果你有兴趣，可以参看我的《诡异的进化》一书。）而在此期间，澳大利亚大陆始终与其他大陆相互隔离，缓慢地发生着演化，虽然产生了袋鼠等很多具有特色的动物，但始终保持在有袋类的水平上，脚步大大落后于欧亚大陆。这就是岛屿演化的弊端，澳大利亚大陆尚且如此，那些与世隔绝的小岛就更不用说了。

因此，哪怕是家养动物，对澳大利亚本土哺乳动物而言，它们的到来仍然是一种降维打击。

在草原上，10 只兔子的食量就相当于一只羊，它们迅速繁殖，像铲子一样清理掉地面的植被。等到人们反应过来，兔子已经泛滥成灾，数十种本土有袋类动物被逼灭绝，地下布满了兔子的洞穴，农田下陷以致无法进行机械化耕作。

为了控制兔子的数量，澳大利亚人想尽一切办法，比如猎杀、布网、堵洞、散布毒气、在胡萝卜里下毒等，甚至不惜引入了狐狸。不幸的是，狐狸更喜欢那些呆头呆脑的本土有袋类食草动物，人们又不得不去对付狐狸。今天，狐狸成了澳大利亚另一种危害较为严重的入侵物种。

绝望之下，1901年，澳大利亚人开始修建防护篱笆，将有兔子的区域隔绝开。但事实上，第一道防线完工之前就有兔子越过了防线，于是人们又修了第二道、第三道防线，到1908年防护篱笆竣工时，其总长度超过了3 000千米。但是，这依然阻挡不了兔子，它们既能穿过篱笆破损的缝隙，还能从地下打洞通行。很快，它们遍布了整个澳大利亚，到1926年，当地的兔子达到了破纪录的100亿只！

1950年前后，澳大利亚人找到了最终的解决办法。他们引入了通过蚊虫传播的兔黏液瘤病毒，造成大量兔子死亡。随着兔子对这种疾病的免疫力上升，人们又几次变更病毒，终于掌握了这场战争的主动权。然而，这样的方法只能控制兔子的数量，却无法消灭它们，当它们获得足够的免疫力时，就会有反扑的可能。

兔子在澳大利亚的大暴发堪称有史以来最严重的生物入侵事件之一，它时刻提醒着我们：在打算引种进行经济饲养和开发之前，一定要做好生态安全评估，并且要以负责任的态度谨防饲养动物逃逸到自然环境中去，无论这种动物看起来是多么的人畜无害。

至于与兔子同属啮齿动物的鼠类，它们的危害也不小，特别是那些与人类有密切关系的鼠类，比如波利尼西亚鼠（*Rattus exulans*）。

波利尼西亚鼠也叫缅鼠，原产地在东南亚。这是一种普通得不能再普通的老鼠，生活习性也没有特殊之处，面对各种家鼠的竞争甚

▶ ▶ 波利尼西亚鼠标本

至还处于劣势地位。但就是这样一种老鼠却被冠以"太平洋鼠"的恶名，它们的分布范围西至孟加拉湾安达曼群岛西海岸，东达东太平洋的复活节岛，北至缅甸和夏威夷，南到新西兰斯图尔特岛，是世界上分布范围位列第三的老鼠。关于波利尼西亚鼠的扩张众说纷纭，有人认为它们是从东南亚大陆起源并向东扩散的，也有人认为它们是从东南亚岛屿起源并向四周扩散的，但不管哪种说法，都认为其扩散与人类的早期航海活动密不可分。

推动它们扩散的航海者就是大名鼎鼎的波利尼西亚人。古波利尼西亚人是伟大的航海家，他们早在2 800年前就已经生活在斐济、汤加和萨摩亚等太平洋岛屿，从800年前后开始向东航行扩张，寻找新的岛屿。波利尼西亚人建造了非常适合航海的独木舟，还擅长把两条独木舟绑在一起，中间架上木板，形成适合远航的双体船。波利尼西亚人远航时也会带上狗、猪、鸡等动物，还有老鼠。在波利尼西亚人眼里，老鼠是非常优质的食物源之一。

波利尼西亚人拥有十分丰富的航海经验，能够通过星座判断方位，能够根据水温判断洋流，能够根据海鸟的活动推测岛屿的位置，甚至能够根据海浪波纹的衍射与干涉现象寻找岛屿。而且，这些航海经验会以家族为单位口口相传。当他们抵达一个新岛屿时，人和动物就有了新的家园。

但这些外来访客的到来，对于岛上的生物却未必是好事。岛屿生态格外脆弱，特别是新几内亚、所罗门群岛和澳大利亚一线以西的岛屿，那里只有一两种蝙蝠称得上哺乳动物，严重缺乏能够和鼠类抗衡的生物。波利尼西亚鼠很快就逃离了主人的餐盘，主人也乐见其成，放养的老鼠省粮食啊！

于是，在没有任何天敌和竞争者的情况下，老鼠也称王称霸了。这些老鼠啃食植物，搜集和储存种子，还猎杀各种小动物，它们的食谱从蚯蚓、昆虫一直到小信天翁和海燕，甚至连巨蜥种群也受其影响。强大的繁殖力和资源需求，与岛屿低下的生产力形成了激烈的矛盾，其结果往往会把其他岛屿生物推向灭绝的边缘。

发生人鼠灾难的代表性岛屿就是复活节岛。其岛屿名称来自欧洲的航海者，他们在1772年的复活节"发现"了该岛。而波利尼西亚人至少在1200年就登上了这座岛屿，但两批航海者看到的景象却完全不同。欧洲人看到的是只有草地、灌木和碎石的荒凉景象，还有谜一样的雕像群，而古波利尼西亚人看到的则是郁郁葱葱的原始森林，前后仅相隔500多年，为什么会有如此大的差别？

根据后人的研究，当时岛上可能生长着大量的复活节岛棕榈树（*Paschalococos disperta*），这是一种已经灭绝的树木，为复活节岛所独有。登岛的波利尼西亚人显然并不怎么在乎这些树木，研究人员在

► ► 复活节岛上的石像

图片来源：Michael DeFreitas/Danita Delimont Adobe Stock/图虫创意

岛上发现了 10 多个大规模的纵火点，绝不是干旱或雷击引起的，而且大量的树木被贴着地面砍伐，留下了树桩。他们会用砍伐的木料生火，制造出的空地则会被用来养鸡等禽畜。他们后来醉心于宗教仪式和雕刻巨大的石像，研究者最初认为他们可能通过砍伐原木来搬运石像，现在看来也许石像是被竖起来后用绳索移动到海边的，那时候说不定已经没有多少木材了。

　　而另一个导致森林毁灭的因素很可能就是老鼠了，它们收集并储存棕榈树的种子，破开种子的硬壳将其吃掉。老鼠的行为使得棕榈树林更新的速度减慢，甚至来不及替代被砍伐的老树，最终导致复活节岛上的树林退化并消失，只留下一个个树桩诉说着当年悲凉的故事。

家猫与岛屿生态

但是，欧洲殖民者对老鼠的态度显然和波利尼西亚人大不相同，前者认为老鼠就是老鼠，需要消灭掉。然而，船上一定会有老鼠。尤其是大航海时代欧洲的海员们其实都相当邋遢，老鼠伴随着他们的脚步走遍世界的各个角落，家鼠甚至因此侵入了波利尼西亚鼠的势力范围，在一些岛屿上大有取而代之的态势。今天，被人携带上岸的各种老鼠已经成为各座海岛上的大患，使得相当多本土物种陷入生存困境。

为了对付船上的老鼠，海员们早早就想到了猫。猫成为船上乘员的历史最早大概可以追溯到古埃及时代，它们被用来控制那些可恶的老鼠和其他小动物，以减少食物的损耗和疾病的传播。得益于这项贡献，猫大概是唯一一种被允许在船上自由行动的动物了。从某种意义上说，它们已被视为船员。在西方文化中，人们认为船猫能够带来好运，特别是那些脚趾比较多、在船上走路更稳健的猫。正常状态下，一只猫共有 18 个趾头，前爪各 5 个，后爪各 4 个。而多趾猫的趾头数目不定，最多的有可能前爪或后爪有 9 趾，也许正是船只与港口促成了多趾猫品系的发展。20 世纪 30 年代，著名美国作家海明威收到了某位船长赠送的一只名为"白雪公主"的六趾猫后，也深深喜爱上了这个品系，还繁育了不少，因此这类猫有时候也被称为海明威猫。猫不仅承担捕鼠工作，在船上几乎也是海员们枯燥的日常生活中唯一的宠物，即使不是幸运的多趾猫，也备受宠爱。今天，你仍能在各国的很多民间和海军船只上看到船猫。

猫跟随海员们去到了世界的各个角落，不管是大陆还是小岛礁，哪怕是守岛人也很可能会携带一只猫。说到这里，就要提及新西兰史蒂芬岛上的史蒂芬异鹩（*Traversia lyalli*）了，它们是那里特有的一种不会飞的小型雀鸟。我们都知道，除了老鼠，猫也喜欢吃其他小动物，比如鸟。而在猫眼中，不会飞的鸟就相当于旋转餐厅里餐盘上的肉。于是，史蒂芬异鹩这个物种被守岛人带上岛屿的那只馋猫吃光了。这是一个疯狂的案例，仅一只动物就灭绝了一个物种。然而，这绝不是个案。墨西哥所属加利福尼亚湾群岛特有的一种鹿鼠（*Peromyscus guardia*）也遭遇了类似的命运，至少有一个亚种是这样灭绝的。1995 年，在该群岛的埃斯坦克岛（Estanque Island）上，人们发现了该物种的一个种群，当时数量还是比较丰富的，也是这个岛上唯一的啮齿动物。但到了 1998 年，这种鼠却很难见到了。经过调查，这个岛上来了一只猫。除此之外，这个岛上没有其他捕食者，只有这一只猫。研究人员对这只猫的 100 组粪便样本进行了分析，其中 2% 的组分是这种鹿鼠的骨，90% 的组分是这种鹿鼠的毛。1999 年，人们设法找到并驱逐了这只猫，但这种鹿鼠的种群已然灭绝。

▶ ▶ 史蒂芬异鹩

图片来源：Walter Rothschild, 1907/Extinct Birds/Public Domain

小岛上通常不存在大型掠食动物，因此登岛的猫往往会成为那里的顶级捕食者，并显著改变食物关系。埃尔莎·波努（Elsa Bonnaud）等人在 2011 年对

72 份研究进行过统计，来自 40 个海岛的猫的菜单里至少包括 248 种动物，其中有 27 种哺乳动物、113 种鸟、34 种爬行动物、3 种两栖动物、69 种无脊椎动物，还有 2 种鱼。费利克斯·麦地那（Félix Manuel Medina）等人的研究表明，至少有 175 种脊椎动物因为猫的活动而濒危或灭绝。根据这项研究，猫在岛屿上的活动要为全球 14% 的鸟类、哺乳动物和爬行动物的灭绝负责，并且对全球 8% 的濒危鸟类、哺乳动物和爬行动物造成了极大的威胁。

对于家猫卓越的捕猎技巧和超强的生存能力，我在《动物王朝》一书中做了细致的论述，在此不再过多展开。毫无疑问，家猫的入侵对脆弱的岛屿生态来说是一种毁灭性的打击，并被认为是造成岛屿生物多样性丧失的主要推手之一。这些在自我封闭状态下演化了几百万年的岛屿，虽然形成了各自独特的生态系统和生物关系网络，但它们根本无法与来自广阔大陆的入侵者抗衡。如果不考虑夭折，一对成年家猫及其后代能在 7 年内增殖到 42 万只。因为其强大的繁殖力，野化家猫正在这些地方变得"过饱和"。它们能在短时间内成为岛屿上最显眼的动物，将整座岛屿变成"猫岛"。现在，海洋中星罗棋布的猫岛有时被视为一种旅游资源，但其背后掩盖的真相是残酷的生态入侵史。

在我们周围的城市和村镇中，同样存在着野化的家猫，俗称为流浪猫。但以目前的知识来看，家猫有极大概率起源于非洲野猫（*Felis silverstris lybica*），驯化地很可能在中东地区，而我国应该不是家猫野生祖先的原产地，也不太可能是其驯化地。因此，家猫野化后进入我国的本土生态环境，理论上可以划入生物入侵事件。当然，在欧亚大陆上，它们造成的威胁远没有在孤岛和澳大利亚等地那么大。这块大陆自古就存在着大大小小的捕食者，猎物们已经适应了这种捕食强度，一般不至于发生某个物种灭绝的大事件。归根结底，家猫仍是家养动物，在欧亚大陆的荒野中，它们会被其他野生猫科动物、犬科动物等食肉动物明显压制。但是，它们仍会对环境造成影响，特别是在人类城市可以源源不断地向自然环境释放野化家猫的情况下。同时，野化的家猫有可能和近缘的猫科动物发生杂交，进而污染野生猫科动物种群的基因库，弱化它们的种群，甚至使这些物种的一些个体带有家猫的某些特征，比如荒漠猫（*Felis bieti*）。因此，我们必须从自然环境中移除野化的家猫。至于我们居住环境周围的流浪猫，虽然将其彻底移除是一句很正确的话，但在可以预见的未来大概不能实现。我们可以退一步从家猫的产生源头看待它们在人类城市生态系统中的作用。城市生态系统作为一种人工生态系统，不同于自然生态系统，它是不同来源的物种围绕人这个核心建立起来的生态聚落。就像我在《动物王朝》中提到的一样，目前主流观点认为，家猫的祖先很可能是主动进入人类城镇，然后被人类接受，最终被驯化的。也就是说，在城镇中游荡的猫是伴随着一万多年前人类村镇的出现而产生的，家猫的产生和传播是人类村镇和城市演化中的一环。作为城市生态系统中较为接近食物链顶端的动物，一定数量的家猫的活动具有抑制城镇鼠害的作用，但我们也必须看到，这些猫对城市的其他小型野生动物构成了威胁，尤其是鸟类。捕食者对被捕食者的数量具有一定的调控作用，但现在很多城市面临的问题是流浪猫实在太多了，已经严重影响了城市的生态健康，而且它们还会向城市周围的自然环境外溢。流浪猫也存在携带和传播弓形虫病的风险（关于这一点，我在《寂静的微世界》一书中有比较详细的论述）。考虑到家猫野化问题的复杂性，以及可能存在的一些人文层面的阻力，尽管在城镇中我们可以容忍一定数量的野化家猫游荡，但绝对应该限制它们的数量，防止它们过度繁殖。我们也要坚定地反对散养家猫。为了避免猫的过度繁殖，越来越多的人倾向给流浪猫做绝育手术。有研究显示，如果有 6 成雌猫绝育，猫群数量就能维持稳定。并且，当居民区有黄鼬等可以替代家猫作用的捕食者存在时，我们就可以考虑通过诱捕和领养的手段，逐渐移除此处的野化家猫。

与此同时，我们应该从源头上减少家猫的野化。宠物弃养是城市流浪动物的根源，在很多城市的流浪猫数量相当过剩的情况下，弃养家猫更是不道德的行为。这并不是因为它们无法生存，相反，多数家猫离开主人后都能快速融入城市的野化家猫种群且活得很好，而是因为这会增加野化家猫的种群规模，带来生态危害和社会问题。但一些居民社区里偏偏还有人投喂流浪猫，这不但会使流浪猫发生聚群现象，也推高了流浪猫的繁殖率。喂而不养，可不怎

▶ ▶ 　社区里的流浪猫
图片来源：本书作者　摄

么好。事实上，这些对流浪猫的"救助"行为同样可能会引发法律问题。比如，在北京某小区发生过一起居民踢打、驱赶流浪猫而被流浪猫抓伤的事件，法院最终判决曾经投喂该流浪猫的一位女士向受害人做出赔偿。因此，救助流浪猫狗，即使不领回家，在法律层面上也负有实际喂养人的部分责任，一旦发生伤害事件，就要担责。然而现在的情况是，很多人认为投喂流浪猫狗是一种善行，认识不到由此带来的各种问题。

如果你确实喜欢，那就干脆领养它。当然，你也要量力而行。一些人收养了过多的流浪猫狗后，动物的健康状况反而得不到保障。流浪猫狗被领养后需要进行体检、康复治疗等，正是因为如此，我建议准备饲养宠物的朋友认真考虑自己是否有能力养好它们，只有慎养才能尽量减少弃养。此外，一些散养家猫也给领养流浪猫的人带来了困扰——猫的原主人随时有可能找上门来，而在户外区分流浪猫和散养家猫并不容易。这就需要我们在领养流浪猫之前进行相应的观察，确认它们是否有可能是散养家猫。

然而，在对待流浪猫的问题上，走向另一个极端也是不可取的。极少数人到处搜捕流浪猫，虐杀它们，甚至还会录制血淋淋的视频进行传播，这是人心灵的极度扭曲，充满了恶意。

当野化的家犬成群

某年，正是春寒料峭时，我经过一处建筑工地，看到在远处的一个高高隆起的土堆顶部有一小群都市野犬。这群流浪狗蹲坐在那里，俯瞰着来来往往的人群和车流。那副姿态宛如在蛮荒的野地里，一群捕食者正在俯视着它们的猎物。当然，它们并不会俯冲下来，这是一群小型犬，脚下的"猎物"对它们来说还是大了一些。但这副姿态本身提醒着我们一个基本的事实：狗的祖先是狼（*Canis lupus*），哪怕它们的驯化史已经超过一万年，食物链顶级捕食者的本能依然有一部分刻印在它们的血脉之中。准确地说，家犬的学名应该是"家狼"（*Canis lupus familiaris*）。

▶ ▶ 建筑工地土堆上的流浪犬群，黑色的是防止扬尘的覆盖物
图片来源：本书作者　摄

但我并不是说流浪狗都是危险的，有相当一部分流浪狗都非常理智，知道如何在城市中生存，以及如何与人类正确相处。当然，剩

下的一小部分流浪狗可就不好说了。关于这件事，我有很深的体会。2021年暑假期间，我在保定单位的校园里已没有学生，恰逢实验室装修需要搬动标本和仪器，我在实验楼下偶遇了两只小型犬，它们看起来还算干净。我只见过它们俩这一次，大概是偷溜进来的吧？两只狗在车棚里趴着休息，我从附近走过时，其中一只站了起来，朝我走了几步，然后开始吠叫。我没理它，继续往前走。这时候，另一只狗也叫了起来。有意思的是，它既没站起来，也没朝着我叫，而是朝着第一只狗叫，看起来很像长辈在训斥晚辈乱叫。那一刻，我真的有点儿想把第二只狗抱回家了！

不要说是流浪狗，哪怕是野生的狼也不会轻易袭击人。野狼的世界并没有那么血腥，相反，动物园里圈养的狼性情却要凶悍得多。狼群内森严的等级制度也是通过研究圈养狼群取得的结果。不当的圈养会扭曲动物的心性，哪怕是已经驯化的动物。有相当多的犬伤人事件都是圈养的大中型犬突然失控引起的，它们对主人往往高度服从甚至极其畏惧，但对陌生人的攻击性却往往大于流浪犬。此类新闻在互联网上并不少见，而且大多非常惨烈。总之，"我家的大狗不咬人"之类的话，你最好别信。这也是很多城市禁养大中型犬的原因。

即便如此，相比流浪猫，流浪狗仍然具有更大的危险性。

这与狗的本性有关。

与猫不同，狗是一种社会性动物，形单影只的流浪狗胆小谨慎，甚至会惶恐不安。然而，一旦成群，它们的胆子就会大起来，攻击性也会大大增加。

流浪狗一多，就必然成群。

四处游荡的狗对人具有一定的威胁，尤其是对低龄的未成年人。一方面，这些孩子已经可以自主活动，比如自己上下学，另一方面，他们的身形仍然较小，没有多少自卫能力，很容易被流浪狗咬到面部、颈部而受到严重的伤害。更重要的是，这些孩子缺乏正确应对危险的心态和能力，在遇到犬类时容易做出惊慌、逃跑等反应，反而会激发犬类的攻击行为。然而，这能怪孩子吗？显然不能。小孩子心智不成熟是发育过程中的固有属性，我们不能要求他们像成人那样行动。所以，我们只能治理流浪狗，治理遛狗不牵绳等行为。城市是人的城市，保护人的安全应该放在第一位。

此外，流浪狗也会带来公共卫生问题。其一是排泄物不分地点、不分场合出现的问题。当然，这个问题不能全归咎于流浪狗，有些养狗人在遛狗的时候也有责任，随手捡拾自家宠物的排遗物是起码的道德。其二是传染病问题，比如狂犬病。狂犬病可以在犬类的互相撕咬过程中传播，感染的犬类在死亡前会产生很强的攻击性。人被患病犬咬伤后，如果不及时对伤口进行处理并注射疫苗，将有极大的概率感染狂犬病。一旦感染，致死率为100%，无药可救。此外，还有人直接接触病犬而感染腺鼠疫的案例等。在历史上，野化的家犬也会带来公共安全和卫生问题，特别是在过去动荡的年代，那时候流浪狗更多地被称为野狗，野狗袭击人或分食死人尸体的事件并不罕见。

在这里，我还要特别申明一件事情。有段时间闲来无事，我在网上瞎逛，意外发现了一条让我大吃一惊的信息。有人说"冉浩"曾经写过一篇关于恶犬的文章，内容还有问题，后来此人意识到自己的错误，给一个名为"动物志"的机构写了一篇文章，讲了与狗、流浪猫和黄鼠狼有关的事情。我认真回想了自己过去写过的诸多文章，涉及狗的肯定有，但我确实不知道这里面所说的"动物志"是何机构或媒体，至少目前没和这个机构合作发表过文章。因此，这个"冉浩"大概是一个和我重名的创作者吧？但根据网上的说法，此"冉浩"和我本人对流浪猫狗的观点并不一致，应该说出入还很大。很可能是出于重名的原因，一些刊物或网络上的文章虽然署名"冉浩"，但与我本人无关，这样的文章我也遇到过一些。我非常开心和我同名（或者以此为笔名）的人从事着和我一样的工作，这是一种奇妙的缘分，我无权要求他们与我的观点一致，但也希望读者不要将我们的观点混淆。

下面让我们继续刚才的话题。

野狗群体一般生活在人与自然的边缘地带，因为它们习惯于取食人类的垃圾、粪便，这比追逐猎物要省力。当然，只要有机会，它们就会深入林间、草原去捕猎。在野外，狗群的生存能力也很强，尤其是大中型犬类，它们能够对人畜及野生动物造成比较严重的威胁。事实上，在我国西部一些地区，这已经成了比较大的问题。我国兴起过一段时间的藏獒热，大型烈犬被商人们吹上了天，一部分人以养这类犬为荣。热度过后，留下的却是一个烂摊子。卖不出去的藏獒被弃养，成了荒野的流浪狗。成群的烈犬不仅威胁旅人的安全，也威胁野生动物的生存，甚至对雪豹产生了不利的影响。

如果我们将视野继续扩大，就会发现更多更严重的案例。比如，在印度，野狗和印度狼竞争捕食黑羚；在非洲，野狗和埃塞俄比亚狼争相捕食啮齿动物。野狗也会与当地的自然狼杂交，污染野生狼的种群基因库。同时，它们会通过各种途径将疾病传染给野生的近亲动物。比如，在坦桑尼亚塞伦盖蒂国家公园里非洲猎犬消失这件事上，野化的家犬就要承担一部分责任。

家犬野化的杰出代表是在澳大利亚作为顶级捕食者存在的澳洲野犬（*Canis lupus dingo*），或者叫丁格犬，而且它们的历史令人意外地久远。澳洲野犬是一种黄色的大狗，有点儿像我们常说的土狗，它们的祖先可能是东南亚地区的家犬，分子遗传学也支持其来源于东南亚的观点。它们很可能是随着早期人类的航海活动登上澳大利亚大陆的，时间很可能在距今 3 500 年到 5 000 年。然后，它们逃逸到野外，野化形成了自然种群，并掀起了澳大利亚大陆上物种灭绝的一个小浪潮。

▶ ▶ 澳洲野犬
图片来源：Philip Kieran/alamy/图虫创意

它们一方面捕猎食草动物，另一方面与食肉动物竞争，由此引发了一系列连锁反应。在澳洲野犬到来之前，这里广泛分布的顶级捕食者是一种被称为袋狼（*Thylacinus cynocephalus*）的哺乳动物，它们至少在数百万年以前就活跃于澳大利亚。这些奇怪的有袋类动物看起来有点儿像狼、狐狸和猫的混合体，但它们彼此之间其实没有多大关系，都是各自独立演化出来的动物类群。因为生活方式相近，它们才有了些相似之处，这就是被我们称为趋同演化的现象。与其他有袋类动物一样，袋狼产下发育得不太好的后代，然后在育儿袋中继续哺育它们。袋狼的食物是鸟类和其他小型动物，当然也包括小型袋鼠。它们通常在夜间出来觅食，或单独行动，或成对行动，非常机警。

▶　▶　曾经的袋狼
　　　　图片来源：Dr. Goding(1902)/Wikimedia Commons/Public Domain

袋狼与澳洲野犬的生态位相似，所以双方之间的竞争不可避免。这很可能是一场摧枯拉朽式的清剿，很快袋狼就被打败了，以至于在澳大利亚大陆上根本找不到比 3 000 年前更晚的袋狼化石记录。这意味着，最快可能在数百年的时间内，澳洲野犬的种群就占领了澳大利亚大陆并彻底消灭了每一个角落的袋狼。当英国殖民者在 18 世纪末占领澳大利亚时，他们一度以为澳洲野犬是那里的本土动物。

幸运的是，在澳洲野犬抵达澳大利亚的 6 000 年前，在澳大利亚大陆和塔斯马尼亚之间形成了宽阔的巴斯海峡（Bass Strait）。澳洲野犬没能入侵塔斯马尼亚，袋狼得以在那里苟延残喘，直到欧洲殖民者到来并将它们逼入绝境。殖民者认为这种本土的捕食者会威胁他们的牲畜，于是，他们开始清剿塔斯马尼亚岛上的袋狼。人们甚至会因此得到一笔奖金，1888 到 1909 年，有超过 2 000 笔奖金被发放。可以想象，当时袋狼的处境有多么糟糕。它们的栖息地被破坏，还要面临殖民者带来的犬类的竞争和威胁，再加上流行病的侵扰，袋狼的数量急剧下降。但人们并没有意识到这个物种即将走向灭绝。1936 年，最后一只袋狼死于岛上的霍巴特动物园，人类再也未在野外见到袋

▶ ▶ 袋獾

图片来源：Vassil/Wikimedia Commons/CC 0

狼活体。此前两个月，政府才刚刚着手保护它们。

另一个受害者是袋獾（*Sarcophilus harrisii*）。面对擅长联合行动的澳洲野犬，独行的袋獾处于劣势。但相比袋狼，它们支撑得更久一些，430年前才在澳大利亚大陆上彻底灭绝。今天，还有一些袋獾生存在塔斯马尼亚岛上。被捕食者也不好过，比如绿水鸡（*Gallinula mortierii*），这种不太善于飞翔的秧鸡类也在澳大利亚大陆灭绝了。

但是，把所有这些责任都推卸给澳洲野犬可能也不合适，毕竟与澳洲野犬的祖先一同登陆的还有人类。在相当长的时间内，虽然澳大利亚没有殖民者，但早已有了原住民部落。人类向来不喜欢食肉动物，也会外出捕猎，所以他们应该也是澳大利亚一些动物灭绝的推手之一。若是全部归咎于澳洲野犬，那么在没有澳洲野犬的塔斯马尼亚，袋狼又怎么会灭绝呢？

接下来的问题是，既然澳洲野犬对澳大利亚的本土生态造成了冲击，那么我们可以消灭澳洲野犬吗？

不可以，相反，我们还要保护它们。

因为澳洲野犬已经成为澳大利亚生态系统中不可缺失的一环，它们取代了袋狼和袋獾曾经的位置，作为顶级捕食者发挥着调节生态的作用。有时候，事情就是这样让人纠结。

那么，澳洲野犬能够在澳大利亚大陆踏实地生存下去吗？并不能。

从殖民时代开始被带入澳大利亚的家犬品种，不断向野外释放着来自全球各地的家犬品系。这些新的流浪狗正在混入澳洲野犬的种群，污染和稀释着它们的血统，纯粹的澳洲野犬恐怕会越来越少。

内陆的"孤岛"

如果说海上的陆地是岛屿，那么陆地上的湖泊也可以看成是"岛屿"——生态上的岛屿，湖泊中的水生物种同样被陆地所封锁。这些相对封闭的湖泊会在内陆演化出独特的物种，形成相对稳定而又脆弱的生态系统。

比如，在我国云南的高原湖泊中有一种特殊的鲤鱼，叫大头鲤（*Cyprinus pellegrini*），它们仅分布于玉溪的星云湖和杞麓湖。大头鲤的体型和鲤鱼相似，但头的比例更大。大头鲤常活动于水体的中上层，主要以浮游生物为食，是一种典型的已适应高原环境的鱼类。

由于肉质较嫩，脂肪和蛋白质含量较高，味道鲜美，我国很早便有了食用大头鲤的记录。比如，明朝《云南志》记载："大头鱼出星

▶ ▶ 大头鲤标本
图片来源：邢立达　供图

云湖，渔者午戌二日编为竹笼，沉水取之，其头味甚美。"在星云湖，大头鲤一度能占到渔获的 70%，可见其种群之兴盛；在杞麓湖，大头鲤也能占到渔获的 30%。

然而，随着渔业和养殖业的发展，情况发生了变化，大头鲤的种群开始快速萎缩。1982—1983 年的实地调查显示，杞麓湖的大头鲤已经绝迹。除人类活动造成的环境和水质变化以外，养殖业引入的其他鱼种显然是一个重要的原因，从 20 世纪 60 年代起人们就开始在杞麓湖放养鱼类，给湖泊中的本土鱼类造成了冲击。

在面对外来鱼类特别是鲤类的时候，大头鲤意料之中地处于竞争劣势。它们抢食抢不过那些被多代选育出来的"优质"品系，生长速度自然也比不上。哪怕它们被列入了国家保护动物名录，也不能帮它们增强竞争能力。张四春等在《大头鲤人工繁养殖技术》一文中直接指出，倘若将大头鲤与其他摄食鱼种混养，就要尽可能选择个头在大头鲤一半以下的。然而，人工饲养尚可，开放湖水中的外来鱼类又怎会遵从这一规定？

更糟糕的是，外来鱼类中的近缘鱼类也在通过杂交稀释大头鲤的血脉。2011 年，星云湖终于传来了意料之中的坏消息。由昆明动物研究所的杨君兴研究员带领的团队，整理了近些年从星云湖采集到的大头鲤标本，并与多年前的馆藏标本进行了比对，他们发现现在的"大头鲤"在形态上已经变了样。这些标本处于一种普通鲤鱼和大头鲤的中间形态。考虑到星云湖里现在有多种鲤类，比如鲤、华南鲤、锦鲤和欧洲鲤等，所以这多半是它们互相杂交的结果。分子生物学研究也支持这一结论。我们不得不面对一个事实，那就是星云湖中很可能已经不存在纯种野生大头鲤了。血统更纯的大头鲤也许只在一些保育机构里才有吧？这真是一件既让人悲哀又无可奈何的事情。

在星云湖，还有一种很出名的入侵物种——太湖新银鱼（*Neosalanx taihuensis*），这是一种通身晶莹剔透的白色小鱼。太湖新银鱼是原产于长江中下游及其附属湖泊的鱼类，比如巢湖、太湖等。太湖新银鱼在其原产水系中自然算是本土鱼类，但进入我国的其他水系则是另一回事了——请一定记住，生物入侵并不以国界为划分标准，而是以原产地的自然边界为准。因此在云贵高原，太湖新银鱼理所当然属于入侵物种。这种鱼是 20 世纪七八十年代以优良经济鱼类的身份被引入云南的高原湖泊的，比如滇池、洱海、星云湖等，几乎同时它们也被引入全国各地大大小小的水体。进入星云湖的太湖新银鱼又沿河而下，进入了抚仙湖，在那里也形成了自然种群。

太湖新银鱼体型较小，身长不到 10 厘米，似乎不仅不会对较大型的鱼类构成威胁，还能为后者提供饵料？然而事实上，它们会严重威胁本土幼鱼的生存。毕竟，再大的鱼也得从小开始长吧。太湖新银鱼的幼体取食小型浮游生物，成体则取食较大型浮游生物，正好阻断了本土鱼类幼体的食物来源。太湖新银鱼食量很大，种群一旦形成，对浮游动物的消耗量就会很大。在抚仙湖，西南荡镖水蚤的消失很可能与太湖新银鱼的强烈捕食活动有关，滇池中西南荡镖水蚤种群数量的明显下降可能也与此有关。浮游动物的消失为其捕食对象——浮游植物解开了枷锁，加之近年来的水体富营养化，使得浮游藻类等暴发水华的风险提高。

本土鱼类鱇浪白鱼（*Anabarilius grahami*）的遭遇就是一个典型

案例，这种鱼也被称为抗浪鱼，因其能逆流而上而得名，是云南四大名鱼之一。它们的幼鱼和太湖新银鱼的幼体食性极为相似，引发了强烈的竞争，太湖新银鱼由此成为鱇浪白鱼濒危的重要推手。事实上，在抚仙湖的 25 种本土鱼类中已经有 11 种因为栖息地被破坏、滥捕、物种入侵等而濒危，其中有 8 种为抚仙湖特有。重要的经济鱼类抚仙金线鲃、抚仙鲌、云南倒刺鲃等渔业资源也在急剧衰退，其他湖泊也面临着类似的情况。

太湖新银鱼的引入确实带来了些许效益，比如，它在滇池的产量从 20 世纪 80 年代初的几吨迅速增长到 1984 年前后的 3 500 吨；星云湖于 1982 年引入这种鱼，1987 年其产量就达到了 400 吨，每公顷产量超过了 110 千克。新的经济鱼类引种养殖看似成功，但其背后是对本地生态和特有渔业资源的极度透支。如果细算起生态账和经济账，大概谁也不敢肯定地说这是赚了。

当然，我并不打算翻旧账。我特别能够理解那个年代过够了窘迫日子的人们的心情，引种经济鱼类也是为了改善人们的经济和生活状况，放在当时的历史背景下考量，我们不能加以指责。当时的人们或许是发自内心地欢迎这样的做法。我也十分理解当时人们的历史局限性问题，就像未来的人们看待今天的我们一样，大概也会有一些愚蠢或可笑之举吧？

然而，过去应该为现在提供借鉴。在今天的时代背景下，当我们再向较封闭或较脆弱的生态系统中引入新物种时，就不应该犯同样的错误了。至于那些已经铸成的错误，只要还有可能，就要尽力去弥补。

第9章

均质时代悄然迫近

▶ ▶ 野地上生长的低矮秋英。图中还可以看到裂叶牵牛的叶子

图片来源：本书作者 摄

山路上的小花

2020 年 10 月 4 日，在河北保定易县的狼牙山镇，我和女儿参加了一次徒步活动。这里地处太行山区，附近有座狼牙山，因为抗日战争时期的 5 位英雄而闻名全国。但这次活动的目的地并不是狼牙山，而是别处的一座野山，旨在通过亲子活动来锻炼孩子们的意志力。活动路线是从山脚下沿着马路徒步向上到达山腰的一个平台，再返回起点，全程 10 千米。活动组织方在每 1 000 米处都设置了一个路标，不时有后勤车辆经过，活动组织得还是比较有序的。我的任务就是陪女儿完成整个行程，顺便考察一下这里的野生植物和昆虫。

行程的第一个 1 000 米，道路两旁有农田也有果树，当时正好是玉米和柿子成熟的季节，路边还有一条水流缓慢的小溪。就在这时，路边和柿子树下一种漂亮的小花引起了我的注意。这种植物有 8 个花瓣，似乎有点儿眼熟，但我不敢确定。等回到家整理图片的时候，我才真正确认了它的身份——秋英（*Cosmos bipinnata*）。

这里的秋英和我曾在植物园里看到的秋英很不一样，以至于本就

▶ ▶ 在野外正在被昆虫取食的秋英
图片来源：本书作者 摄

不太擅长识别植物的我一下子没有认出来。植物园里种植的秋英高大、苗壮，而这里的秋英则非常矮小，有一棵秋英的花朵上还有一只非常壮硕的虫子，看样子是以秋英为食的。在野外的秋英，日子看起来过得不太好。

秋英也是一个入侵物种，原产地在墨西哥和美国西南部。它的另一个名字波斯菊则是因为人们弄错产地而来。秋英是以观赏花卉被引种到我国的，目前已经在我国很多地方形成了野外种群。在《中国外来入侵植物名录》中，它被归类为4级一般入侵物种，认为其造成的危害有限。《中国外来入侵物种编目》则认为秋英是逸生杂草，会影响自然景观和森林恢复。至少在我们来的这个地方，这些描述还是贴切的，秋英的日子过得不算好，看起来也没有很大的危害。

然而，另一件事情却让我格外注意，那就是在名称上，秋英似乎正在取代格桑花的正主。格桑花也被称为格桑梅朵，在藏族文化中具有一定的地位。"格桑"在藏语中是幸福或美好时光的意思，"梅朵"是花的意思。因此，格桑花也可以被称为幸福花。但不知从何时起，相当多与西藏文化有关的影视作品、歌曲和印刷品，开始将从美洲来的秋英视为格桑花。有一部电视剧名叫《八瓣格桑花》，"八瓣"更是在生物学特征上直指秋英。

虽然路边盛开的秋英很好看，但入侵物种不可能是文化原型，格桑花最可能对应的是另一种植物——翠菊（*Callistephus chinensis*），它们才是真正的本土植物。翠菊在从昌都到拉萨一带都很常见，是过去藏传佛教寺庙中经常栽种的植物。

至于秋英，据传是1906年清廷官员张荫棠作为驻藏帮办大臣带到西藏的八瓣花卉，因此藏族同胞有时候也称之为"张大人花"。

由此可见，将秋英视为格桑花实在是张冠李戴。但这也给了我们深深的警示，那就是一些入侵物种在融入我们的生态系统的同时，也在不知不觉间侵蚀着我们的文化，篡改着我们的记忆。

徒步走过1 000米的里程标记后，我又遇到了一种漂亮的红色小花——百日菊（*Zinnia elegans*）。接下来，沿着道路两侧，我遇到了更多的百日菊，和杂草混杂在一起。当然，百日菊也不是本土植

▶ ▶ 翠菊
图片来源：Anastasiia Merkulova/iNaturalist/CC BY

▶ ▶ 翠菊
图片来源：Adilya Galeeva/iNaturalist/CC BY

▶ ▶ 相比之下，公园中人工种植的秋英要茁壮茂盛得多

图片来源：本书作者 摄

▶ ▶ 生长在乱石之间的百日菊

图片来源：本书作者 摄

物，而是一种引进后逃逸到野外的观赏花卉。有意思的是，百日菊的原产地也在墨西哥。《中国外来入侵植物名录》给它的评级是"有待观察"，《中国外来入侵物种编目》甚至根本没有收录它。

像百日菊这种植物，有时候也被一些人称为归化物种（naturalized species），而不算是入侵物种，因为它们尚未造成实质性危害。归化物种的概念可以用来指植物，也可以指动物，但目前看来，在植物中的使用频率更高。事实上，归化物种的定义尚有待明确，特别是归化物种和入侵物种这两个概念正在被混用和滥用，严重干扰了我们对生物入侵现象的理解。

理查森（D. M. Richardson）等人基于植物对归化物种的不同定义进行过汇总，统计到的五花八门的结果比较具有代表性：

第一种是比较传统的说法，约有 23% 的研究倾向于这一概念。它认为归化植物是指在没有人为介入的前提下，外来亲本植物繁殖出较多后代，但不一定会侵入自然或半自然的环境。在这种说法看来，"naturalized"差不多相当于"established"，也就是成功建立了种群的意思，而不强调建立种群的场景。

第二种说法和第一种说法比较相近，但强调不仅要建立种群，

▶ ▶ 百日菊野生植株
图片来源：本书作者　摄

而且要在野外建立可以自我维持一定规模的种群，也就是建立自然种群。约有 8% 的研究倾向于这一说法。

第三种说法是归化植物不具有入侵性，约有 25% 的研究支持这一观点。它实际上将归化物种和入侵物种看成了两个独立的概念。我甚至见过有的观点只将那些已经融入生态系统，并在本土生态系统中建立了较稳定关系的物种称为归化物种。

第四种说法则是将归化和入侵等同，也就是不对两者进行明确区分，这样的研究占到了 29%。

此外，还有其他说法。

这就尴尬了。

当然，理查森等人在他们的研究中又重新定义了归化物种，并厘清了相关概念。我在比较了多个研究，并结合个人的经验和思考后，决定支持他们的提法，本书其实也采取了这样的提法。只有厘清了这些概念，我们才能对生物入侵现象的发生和发展做出进一步探讨。

我们现在来梳理一下。相关概念中范围最大的应该是外来种或外来物种（alien species，"外来种"或"外来物种"在生物学上没有区别，生物学上的种即物种。同理，本章后面提到的概念，比如"归化种"和"归化物种"也没有区别），也就是非本土物种，这是一个更偏重地理层面的概念。在外来种的前提下，又衍生出两个概念，即临时种（casual species）和归化种（naturalized species）。临时种是指那些需要依靠不断引入才能维持种群的物种，这样的例子很多，有的甚至能在自然界形成较大的种群，比如海带。

你可千万不要以为海带是我们的传统食品，其实它们出现在我们菜篮子里的时间没有那么久。

　　海带的原产地在北太平洋西部海域，大致的分布范围在朝鲜、俄罗斯至日本北部的海域，其中栽培最为广泛的海带品系可能主要分布于日本本州和北海道之间的津轻海峡附近的海域。1930 年前后，海带被引种至辽宁大连海域进行实验性养殖，之后推广至山东烟台，当时虽然出现了后来广泛应用的筏式养殖，但规模一直不大。中华人民共和国成立后，海带的人工养殖得到了恢复和快速发展。1952 年，我国的海带鲜重产量达到 328 吨。1955 年，超过了原产地日本鲜重 2 000 吨的人工养殖产量，达到 3 167 吨。1956 年，我国开始尝试将海带的养殖范围向南扩展。1958 年，海带在江浙、福建和广东的亚热带水域成功实现人工养殖，当年鲜重产量达到 3.75 万吨，次年达到 14.57 万吨，成品产量为 2.4 万吨。除食用以及用于提取褐藻胶和甘露醇等工业原料以外，海带还担起了一项非常重大的国民需求——制碘。从 20 世纪 70 年代开始，海带化工制碘工艺的开发使我国逐渐摆脱了用碘完全依靠进口的局面。今天，由于制碘有了新的替代途径，海带基本上不再用于工业用途。

　　适应冷水的海带其实在我国海域很难成功度夏，也就不能形成自然种群。但一些地方常年养殖海带，通过其向外散逸孢子，形成了海带的野生种群。这些自然种群也会产生海带苗并附着在

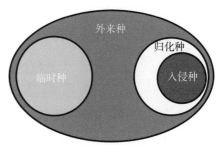

▶　▶　本书采信的外来种、临时种、归化种和入侵种之间关系的观点示意图
图片来源：本书作者　绘

礁石等地方，采集后也可以用来养殖。但这些种群往往与本地的养殖活动直接相关，是海带养殖业不断对自然种群进行补充的结果。以青岛为例，其从 20 世纪 50 年代开始养殖海带，在短时间内即形成了庞大的海带种群，遮蔽了海底的礁石等，但随着 20 世纪 70 年代末青岛海带养殖业的衰落，这里的海带自然种群也消失了。像海带这种情况就是临时种。

归化种是指那些不依赖人的干预，可以自我繁殖形成稳定种群的物种。它们没有严格的场景限定，不论是在森林、草原等无人环境，抑或是在城市的公共绿地等人工场景，都可以生长。入侵种（invasive species）是归化种的子集，也就是归化种中那些扩散速度快、生态影响大的物种，是一个更偏重后果层面的概念。

从引入到暴发

归化物种的概念其实也给出了生物入侵的形成过程的提示。也就是说，首先要从种群传入开始，实现定殖，然后进入归化状态。

种群的传入都与人有关，可以是无意传入（accidental introduction），也可以是有意引入（intentional introduction）。无意传入往往伴随着交通工具、货物、行李等物品而发生，或者经由人类的随身携带而引入，比较典型的案例是各种鼠类、有害昆虫等的扩散。有意引入则往往带有经济、观赏等目的，甚至部分未经充分论证的使用外来物种进行生态治理的活动也造成了生物入侵的后果。一些比较典型的例子包括：用作牧草和饲料的空心莲子草（*Alternanthera philoxeroides*）和凤眼莲（*Eichhornia crassipes*）等，以观赏植物引进的加拿大一枝黄花和马缨丹（*Lantana camara*）等，以改善环境为目标的互花米草（*Spartina alterniflora*）和大米草（*Spartina anglica*）等。除此以外，还存在一种自然传入（natural introduction）的说法，比如，紫茎泽兰通过边境线的自然扩散从东南亚传入我国，草地贪夜蛾进入我国，等等。但是，这种说法的问题在于将一国边境作为判断生物入侵的标准，而生物入侵事件本身不是以国界作为判断依据的，比如，紫茎泽兰从美洲进入欧亚大陆，显然不是什么自然传播事件。

▶ ▶ 加拿大一枝黄花也被称为北美一枝黄花，它们在很多地方已经成为严重的入侵性杂草，其花粉具有致敏性

图片来源：金琛 摄

▶ ▶ 互花米草的原产地在北美，最初被用于防护岸边的滩涂，但它们会侵占滩涂，降低滩涂的生物多样性，阻塞航道，削弱海水等的交换能力，也对鸟类的栖息地造成了影响

图片来源：Daniel Atha/iNaturalist/CC 0

不过，这个提法的好处是，在以国家为单位进行生物入侵治理时，可将其作为一种传入方式的参考。

外来物种的种群传入之后，需要跨过一些门槛，才能实现种群定殖（population colonization），成为归化物种。能否定殖成功，与外来物种传入的繁殖体数量和批次有关。如果单次传入数量较多、传入批次较频繁，定殖成功的概率就会更大。比如，如果某地长期从某产地接收货物，就会相应地产生更大的入侵风险。当然，这也与外来物种本身有关，有时候只需要很少次甚至单次入侵，有的外来物种就可以完成种群定殖。一些物种的单棵植株就能产生大量的种子，比如豚

▶ ▶ 凤眼莲也被称为凤眼兰或水葫芦，其原产地在美洲热带地区，会快速生长并覆盖整个水面，阻塞河道，给整个水体的生态系统带来毁灭性后果，也叫"水体癌变"

图片来源：Christian Grenier/iNaturalist/CC 0

草；一些物种可以进行营养体繁殖，比如薇甘菊；还有一些物种可以实现群体内自交，比如法老蚁，等等。

当然，这也和入侵地的气候环境、入侵物种的适应能力有关，后者也被称为物种的生态幅度（ecological amplitude）。简言之，就是物种能否耐受当地的气候环境，比如当地的年最低气温、最干旱的季节等。耐受能力越强的入侵物种，就越有可能存活下来。

活下来是第一步，哪怕一开始的时候活得不太舒坦。

接下来就要看物种的生态可塑性了，或者说它们能不能在新的生态环境中做出一些调整，焕发出更强的活性。

与此同时，它们还要与本土物种过招，比拼一下竞争力的强弱，看能否与类似的本土物种抗衡。

如果这些问题能被一一克服，当地也没有足以压制它们的天敌或寄生者，这个物种就有很大的可能转变为归化物种。

事实上，外来物种能够转变为归化物种的比例并不高，但考虑到外来物种巨大的基数，归化物种的数量也不算少。

通常来讲，归化物种在成为入侵物种之前，往往存在一个时滞效应（time-delaying），也可以理解成潜伏期（latent time）。在这段时间里，它们会积累种群的数量，并等待一个合适的崛起时机。比如，入侵美国华盛顿州的互花米草大约经历了100年的潜伏，它们受限的主要原因是入侵早期花粉总产量不足，影响了授粉成功率，但一旦突破了这个瓶颈，它们很快就迎来了大扩张。互花米草在英国沿海地区大约经过了40年的潜伏，在这段时间内，它们成功地与本地物种欧洲米草（*Spartina maritima*）实现杂交，遗传物质得以加倍，最终得到了大扩张的机会。而那时，杂交得到的已然是一个新物种，这个新的入侵物种就叫大米草。

通常来说，昆虫和草本植物的潜伏期比较短，木本植物则比较长。根据对德国184种木本植物的调查，灌木的平均时滞为131年，乔木为170年，有的种类则达到300年以上。一旦跨过了时滞期，种群就会迎来传播、扩散和暴发的过程，生态灾难也随之而来。

这里面有一个非常值得思考的问题：那些没有变成入侵物种的归化物种，甚至被认为融入生态系统并和当地生态建立了关系的外来物种，它们是真的对生态系统的影响较小，还是仅仅处于时滞阶段？

关于这个问题，我们不如看看榕属（*Ficus*）植物在美国佛罗里达州的情况。榕属是一个相当大的植物类群，其种类超过七八百种。不同的榕属物种的生长状态很不一样，它们可以是乔木、灌木、藤蔓，也可以是寄生植物。榕属植物中的无花果（*Ficus carica*）是一种著名的水果，事实上，相当多榕属植物的果实都可以食用，它们也是雨林动物的重要食物来源。榕属植物也被很多地区用作绿化和观赏植物，美国佛罗里达州还引入了来自亚洲的榕属植物，比如榕树（*Ficus microcarpa*）。

起初，这些榕树都很"老实"，没有引起什么问题。这种状况维持了 40 多年，直到传粉榕小蜂（*Eupristina verticillata*）的到来。在这里，我要先交代一下榕属植物和榕小蜂之间的事情。

榕属植物拥有这个世界上最严格的传粉体系，它们的花隐藏在膨大的花托内部，这种形式被称为隐头花序。隐头花序能够很好地保护花，但对传粉来说却是个麻烦事。幸好这些植物在演化过程中为自己选定了传粉昆虫，每种榕树都对应着各自的榕小蜂。榕属植物为此准备了产生花粉的雄花、产生种子的雌花，以及专门用来养育榕小蜂的瘿花。在雌雄同体的榕属植物中，雌花和瘿花处于同一花序。如果没有榕小蜂，榕属植物就不能产生可育的种子，也就没有了扩散的机会。正是出于这个原因，佛罗里达州早期的榕树给人一种非常安稳的印象。

20 世纪 70 年代，传粉榕小蜂到达了佛罗里达州，可能是无意传入的。后面的故事就非常容易理解了：榕树拿到了繁殖的钥匙，那些多而细小的种子很快就扩散出去，时滞结束，榕树的扩张开始了。

▶ ▶ 水边的一棵大榕树。榕树属于榕属中的榕亚属（*Urostigma*），这个亚属的植物都会垂下气生根，它们中的一些物种也被称为"绞杀榕"，对周围的植物不太友好

图片来源：本书作者 摄

今天在佛罗里达州，不只有榕树完成了入侵，榕属植物中的高山榕（*Ficus altissima*）、垂叶榕（*Ficus benjamina*）、印度榕（*Ficus elastica*）等也都在那里成为危害严重的入侵植物。

正是因为如此，不只入侵物种，还有那些几乎很难铲除但已经融入了当地生态系统的外来物种，都应该受到关注和监控，一旦发现苗头不对，我们就应该及时采取措施。

意外衰退的种群

在这个星球上，存在一个蚂蚁版的"日不落帝国"，其版图甚至可以超越全盛时期的大英帝国，它就是阿根廷蚁（*Linepithema humile*）的超级巢（supercolony）。

阿根廷蚁较为正式的称呼是小麻臭蚁，它们是一些工蚁体长不超过 3 毫米的小蚂蚁，原产地在南美。单只阿根廷蚁看起来弱小无助，但大群的阿根廷蚁就比较麻烦了。它们确实是巨大的一群——位于欧洲西南的主巢沿着地中海分布，长达 6 000 千米，而在美国加州沿岸的大巢则延伸了 900 千米。在这些巢穴中生活着无数工蚁和蚁后，这可比红火蚁的那些多后型巢穴规模大多了。这种让人目瞪口呆的状况被蚁学家们考证了无数次，最终只能承认它们是事实，以至于一些蚁学家差点儿成了人们眼中夸夸其谈的骗子。

欧洲的主巢可能是建立时间最早的超级巢。根据詹姆斯·韦特雷尔（James K. Wetterer）等人的考证，它的起源指向了位于非洲大陆西北角海上的岛屿——葡萄牙所属的马德拉（Madeira）。马德拉曾是葡萄牙

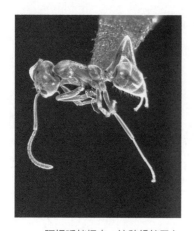

▶ ▶ 阿根廷蚁标本，这种蚂蚁已入
侵我国台湾地区，也曾被大陆
海关截获过，防控压力很大
图片来源：Jesse Rorabaugh/
iNaturalist/CC 0

本土和其南美殖民地之间的一个非常重要的贸易中转口岸，那里最早记录到阿根廷蚁的时间是在 1858 年。1890 年前后，阿根廷蚁就在那里形成了超级巢，它很可能是欧洲主巢的前身。

就像其他一些入侵蚂蚁一样，阿根廷蚁起初的繁殖个体往往来自单一的大型巢穴。遗传瓶颈（bottleneck hypothesis）曾被视为解释入侵性蚂蚁的超级巢形成的重要理论依据。毫无疑问，由于最初定殖的种群来自少数繁殖个体，与本土种群相比，新的种群的基因多样性要小得多，这就是遗传瓶颈。哪怕将来它们发展出庞大的规模，有了新的基因突变积累，也是建立在原有遗传瓶颈的基础之上的。遗传多样性的降低会减小同一种群内不同蚂蚁巢穴之间的攻击性，这是已被证明的事实。遗传瓶颈也被视为形成多后型巢穴或超级巢的要素之一。事实上，不论是红火蚁还是细足捷蚁，抑或是其他入侵蚂蚁，有相当多的在原产地属于单后型巢穴的蚂蚁，在新的定殖地都有向多后型巢穴甚至是超级巢转化的趋势。我本人在调查入侵我国的蚂蚁时也发现了这样的趋势，其中个别物种似乎有了形成超级巢的可能。

但是，对于阿根廷蚁超级巢的形成，塔蒂阿娜·吉罗德（Tatiana Giraud）等人倾向于另一种解释——基因清洗假说（genetic cleansing hypothesis）。他们调查了欧洲南部那个绵延了多个国家的主巢（main supercolony）和同一个区域的加泰罗尼亚超级巢（Catalonian supercolony），并与原产地的阿根廷蚁做了对比，发现欧洲种群确实存在遗传瓶颈，但并不严重，不足以解释超级巢的形成。

▶ ▶ 北美的阿根廷蚁，它们来自美国加州沿岸的大巢
图片来源：宋骞 摄

他们还发现了一个非常有意思的现象，那就是来自主巢和加泰罗尼亚超级巢的工蚁之间会发生非常激烈的对抗，而来自同一个超级巢的工蚁彼此之间则不会有攻击行为，它们的对抗倾向也不会随着样本

▶ ▶ 在巢口附近活动的阿根廷蚁，它们来自美国加州沿岸的大巢
图片来源：宋骞 摄

之间的距离而增加，哪怕两只工蚁的采集地相隔 6 000 千米。

这可不是一件简单的事情。

蚂蚁是通过气味来识别敌我的，这种气味是环境气味、巢穴内部气味、蚁后的信息物质气味及自身遗传物质气味的混合体，因此通常来讲，每个巢穴的个体身上都会有属于其巢穴的独特气味。相隔很远的同一个超级巢的工蚁生活在不同的地理环境下，它们身上的环境气味、巢穴内部气味不可能相同，它们之间也必然存在着从蚁后到工蚁的遗传差异，哪怕这些差异不算大。理论上，随着采集地物理距离的加大，工蚁之间应该表现出更多的敌意才对。然而，吉罗德等人并未观察到这种变化。

这意味着蚂蚁通过气味识别敌我的基因可能出了问题，一些与距离有关的气味差异不能再被它们识别出来。吉罗德等人认为，一部分基因在自然选择的压力下被"清洗"掉了。

他们还认为，这种自然选择的压力来自入侵物种在新的生境中的爆发式扩张所带来的较高种群密度。较近的巢穴距离和频繁的巢间对抗会削弱巢穴的生存能力，相比那些咄咄逼人的巢穴，攻击性较低的群体或群体联盟可以将更多的精力用来建设群体和扩大群体规模，进而获得演化优势。在自然选择过程中，一些特定的基因被消除，导致了超级巢内部的大融合。而欧洲的主巢和加泰罗尼亚超级巢可能经历了各自独立的基因变革，它们并没有统一基因集合，这使得它们之间保留了激烈的对抗。

但吉罗德等人也推测，这种组织类型的超级巢不会长久地存在下去，很可能只是昙花一现，甚至有可能已经埋下了导致整个群体消失的隐患。因为在这样的巢穴组织形式中，工蚁会照顾与自己没有亲缘关系或亲缘关系很远的幼虫。如果出现"自私的突变型"，就有可能在群体内部迅速传播，即工蚁会选择性地将与自己亲缘关系较近的幼虫培育成繁殖蚁而非工蚁。一旦这种突变型出现，超级巢的内部秩序就有可能崩溃。

我们继续说马德拉的那窝阿根廷蚁的情况。阿根廷蚁向马德拉的输入一定会是持续的，在第一批阿根廷蚁定殖以后，还会有更多的阿根廷蚁从美洲来到马德拉。最初，除这个主要的超级巢以外，马德拉可能还有一些分布在主要超级巢势力范围之外的蚁巢，其中不少也许都比它们在南美老家的普通巢穴的规模要宏大得多。一方面这些巢穴之间战火不断，另一方面它们又在繁殖蚁层面进行着基因交流，尤其是来自其他巢穴的雄蚁不断增加主要超级巢的基因多样性，雌蚁则始终在超级巢中一脉相承。最终，主要超级巢不断扩张，从欧洲各国记录的时间顺序来看，它很可能就是欧洲主巢的起源。

雌蚁的遗传连续性已经被现代分子生物学所证实，每个超级巢都有其特定的线粒体DNA（脱氧核糖核酸）单倍型，而这直接与母系遗传相关联。在分子遗传学中，欧洲的主巢型也常被称为LH1型，而散布在主巢周围的加泰罗尼亚超级巢则是LH6型。

阿根廷蚁主巢的故事到此并未结束，若只是如此，那它们可配不上"日不落帝国"的称号。前文提到的美国西部海岸的那个大巢同样是主巢型，也就是主巢在其他大陆的分支，它是欧洲主巢远渡重洋后在美洲开辟的新疆土。你完全可以把美洲的大巢看作一个分巢，因为它们不仅血脉相连，两个巢穴的工蚁相遇时表现得也很友好。

除此之外，新西兰、澳大利亚、夏威夷也都有分巢，它们甚至把分巢建在了我们的邻国——日本。

在日本，至少有4个超级巢型，其中包括主巢型和在美洲主巢型附近的LH3型，但主巢型是日子过得最好的。当然，这四型的来源肯定也不同，这暗示着阿根廷蚁向亚洲国家输入的压力之大。关于为什么主巢型会这么成功，目前还没有充分的解释，但学者们提出了不少假说。一些观点认为这是因为主巢型的侵袭力和农药抗性强，还有一些观点认为这是因为主巢型的食物获取范围更广。当然，主巢型也许兼具多个优势。

然而，就像预测的那样，近些年的一个好消息是，阿根廷蚁的超级帝国似乎有点儿不太稳当了。来自马德拉的跟踪调查显示，阿根廷蚁群体似乎在衰退，其造成的生态影响也在减弱。在新西兰，阿根廷蚁的分布区域内，其种群数量在 14 年内大幅下降了 40%。根据提尔伯格（Chadwick V. Tillberg）等人来自加利福尼亚的报道，尽管阿根廷蚁在入侵后的 7 年里种群数量未变，但定殖区域的种群密度比入侵的前锋区域低了一个数量级。然而，之后来自肖恩·蒙克（Sean B. Menke）和戴维·霍尔韦（David A. Holway）在南加利福尼亚的更加详尽和细致的研究，并未显示阿根廷蚁群体存在衰退现象。造成两个调查结果不同的原因可能在于时间尺度、地理局限、统计方法等因素，所以关于阿根廷蚁帝国当前的状态，可能还需要做更多的研究才能确认。

但入侵性蚂蚁确实有可能出现种群衰退的现象，这在其他蚂蚁中也有报道，比如有黄疯蚁之名的细足捷蚁。太平洋的托克劳（Tokelau）群岛就发生了这种情况。到 2002 年，在两座环礁努库诺努（Nukunonu）和法考福（Fakaofo）上，细足捷蚁已经成了一个大问题，它们惊扰牲畜，影响作物，搅扰得当地人无法入睡。邻近的一座岛礁阿塔富（Atafu）上的细足捷蚁的种群数量在 2008—2011 年达到了峰值，但 2014 年却开始出现明显的衰退。在澳大利亚的一处面积达 3.6 公顷的入侵地，它们也被观察到有衰落并趋于绝迹的情况。托克劳和澳大利亚这两项研究的研究者确信他们已经进行了足够的调查，可以排除它们迁徙到其他地方的可能。即使在那座它们造成了严重破坏的圣诞岛上，细足捷蚁大军似乎也在退潮。关于圣诞岛的故事，你可以翻看我的《蚂蚁之美》一书，它和我们在本书中提到的有巨型石头雕像的圣诞岛并不是同一座。而在欧洲，入侵性蚂蚁失落毛蚁（*Lasius neglectus*）形成的超级巢也被观察到有崩溃的迹象。

入侵性蚂蚁种群数量减少或崩溃的原因目前尚未完全明确，说法也很多。总的来说，这可能与其种群内部发生的变化有关，也可能与外部环境或关联因素的变化有关，比如疾病、寄生物种或竞争物种的引入，以及食物的减少等。需要特别提醒的是，这些事件的发生同样是零散的，有地域局限性的，很多时候并不代表它们对新生境入侵的整体势头有所降低，也不一定意味着当地生态的好转。比如，提尔伯格等人在描述了当地阿根廷蚁的变化之后，也一针见血地指出本土蚂蚁并未出现反弹。

当然，这种入侵物种暴发之后又衰退的现象不只发生在蚂蚁中，在不少物种中都发生过。比如，入侵欧洲的水蕴草（*Elodea canadensis*），它的原产地在北美，也被称为水蕴藻或伊乐藻，但它们其实不是藻类，而是较为"高等"的被子植物。在欧洲，水蕴草的最早入侵记录出现在爱尔兰，时间为 1836 年。之后，水蕴草很快成了英国、德国、瑞典和丹麦等国河流中的大问题，甚至一度阻塞了英国的剑河（Cam River）。然而，进入 20 世纪初，水蕴草之害却自然中止了，它们虽然没有灭绝，仍然是河流中的常见植物，但已经变得非常温和，不再大规模泛滥。目前，造成水蕴草种群衰退的原因尚不十分清楚。有观点认为，这可能与本土生态系统的反馈有关，即一些

▶ ▶ 入侵欧洲的水蕴草

图片来源：art_leostrin/iNaturalist/CC 0

水生动物和水鸟等具有了对这种水草的取食偏好，而另一种入侵动物——经常在欧洲出现的加拿大雁（*Branta canadensis*）也对来自故乡的水草情有独钟。此外，其背后还有一个原因，那就是水蕴草来自北美的近亲美洲小水蕴草（*Elodea nuttallii*）在 20 世纪初侵入欧洲，与水蕴草发生了激烈的竞争，并取而代之。由于两者在外形上极为相似、难以辨认，这种激烈的较量并未被人们察觉。而且相比水蕴草，美洲小水蕴草似乎更倾向于纵向的加厚式生长，这可能也是造成其入侵感减弱的原因。

另一个例子是欧洲的黄毒蛾（*Euproctis chrysorrhoea*）入侵美洲。这种毛虫在 19 世纪末入侵了马萨诸塞，之后迅速向外扩散。但到

1913 至 1914 年，其种群开始崩溃；到 20 世纪 70 年代，仅残存一些很小的种群。根据后来的研究，这很可能是因为针对黄毒蛾的寄生蜂被无意引入的结果。

从以上的例子可以看出，入侵物种确实有自我衰退的可能，但毫无疑问，坐

▶ ▶ 加拿大的本土水蕴草
图片来源：Reuven Martin/iNaturalist/CC 0

等它们衰退可不是一个明智的选择。一方面，目前这类事情发生的频率很低，偶然性很大，其规律也尚未明确；另一方面，即使入侵物种衰退了，它们造成的影响和遗留的问题依然存在，甚至有可能永久性地改变被入侵地的土壤理化性质（比如改变酸碱度、遗留化感物质）和生物群落组成等。此外，在诱发入侵物种衰退的原因中，还包含一个非常令人不安的可能性，即入侵物种对被入侵地的生态资源或食物资源进行了过度消耗，导致那里的生产力整体降低，无法继续供养规模庞大的入侵者，所以它们才发生了某种程度的衰退。

跨过了地质年代？

我曾经遇到过一个问题：外来生物的引入到底是增加了生物多样性还是减少了生物多样性？

这个问题无法用一两句话来回答。

我们都知道生物多样性是非常重要的，它是描述我们周围生态环境健康水平的重要指标。但关于生物多样性的概念，可能有不少人都很模糊。总的来说，生物多样性包括生态、物种和遗传三个层面的内容，即多样的生态系统、多样的物种和多样的生物基因。毫无疑问，当一个外来物种进入一个新的生态系统时，倘若这个生态系统的原有物种数不减少，那么从数学上来说确实是增加了一个物种。这似乎是丰富了物种多样性，但一个物种的出现本身就意味着要挤占一部分生存资源，并在一定程度上改变生态系统中物种之间的关系。生态系统的物质循环和能量流动也将发生调整，伴随它而来的微生物甚至有可能造成更大的影响。而且，这些影响可能并不是当下就能显现出来的，最终会造成什么样的结果，是会增加生态系统的健康度，还是会引发严重的生态衰退或物种灭绝事件，都需要具体问题具体分析，等待时间的检验。

不过，在多数情况下，这个结果都不太妙。

我们这个时代面临着生物多样性的大衰退。据估计，当代物种灭绝的速度是自然灭绝速度的 100~1 000 倍。在已知物种中，有近 600 种鸟、400 多种兽类、200 多种爬行动物和 2 万多种高等植物濒临灭绝，约占相应类群物种总数的 6%~10%。至于那些尚未被发现的物种，它们的种群规模更小、生活环境更局促，恐怕情况也更糟糕。一些悲观的观点认为，现在几乎每小时就会有 3 个物种灭绝，很多物种都是在尚未被发现和描述的情况下消失的。由于生物多样性急剧减少，当前甚至被称为"第六次生物大灭绝"时期。而生物入侵是其中的一个巨大推手。事实上，在生物入侵面前，全球约有 17% 的陆地面积和 16%

的生物多样性热点地区（global biodiversity hotspots）是极度脆弱的。

今天，生物入侵现象几乎遍及所有人类能到达的地方，即便在南极大陆上，也有了 10 来个定殖的入侵物种。我们每个人的生活都至少受到几种入侵生物的影响，只是有时候我们意识不到。

自弗朗西斯·普茨（Francis Putz）开始，学术界出现了一个非常悲观的概念——均质世（Homogeocene）。它是一个生态纪（ecological era）概念[①]，从某种意义上说，它类似于地质时代或生物纪元的概念，被设定为全新世（Holocene）之后的又一个时代。可能很多人都知道，恐龙生活的时代是中生代，那是一个距今 2.51 亿至 0.66 亿年的大时代。经过恐龙灭绝事件，地球进入了新生代。新生代又分成了古近纪、新近纪和第四纪，其中前两个纪过去被合称为第三纪。第四纪是我们当前所处的时代，包括更新世和全新世，在之前的地质概念里，全新世指从大约 1 万年前到现在。但是，提出均质世观点的学者认为全新世结束了，新的时代已经开始，其特征就是地球生物群的均质化（biotic homogenization）。与此同时，他们还为均质世这个新的时代设置了一个事件起点——哥伦布发现美洲。

在均质世，人类的交通工具打破了遥远生物之间的地理屏障。伴随着人类的活动，以及全球的物种大交流、大取代，地理上的生物群

---

① 在一些资料中均质世也被译作同质世。在学界，还有其他一些提法，比如人类世（Anthropocene），这个提法设定的时间起点为工业革命的开始，并将其影响扩大到了全球气候变化等更多议题上。还有的学者将相关概念扩大化，认为全球一体化不仅造成了对生物多样性的冲击，也造成了对人文多样性的冲击。如果感兴趣，你可以查找相关资料来阅读，本书不做过多讨论。

逐渐失去了其独特性。戴维·夸门（David Quammen）把这一变化的终点称为杂草星球（planet of weeds），这真是一种糟糕的预期。

然而，这个时代确实在迫近，并且在一些我们想象不到的地方发生了。我们不妨看看近海水域和一个经常被忽视的媒介——压载水，我们在前面的章节提到过。

如前文所说，压载水是船舶在航行中为了维持稳定而加载的配重。你可不要小看了这种东西。今天，约有90%的贸易货物经由船舶运输，每年船舶携带的压载水总量达到120亿吨，而每吨压载水中就有超过1亿个浮游生物和各种不计其数的微生物。每天约有7 000~10 000种海洋生物随着压载水传播至不同的海域，此外还有大量的船底吸附生物。这使得海洋生物的扩散早已有了全球性的特点，对近海生态具有尤其严重的破坏性。通常来说，压载水的吸入和排出都发生在近海。

我国港口众多，据统计，随船底和压载水携带而来的海洋入侵物种至少有23种，由压载水带来的外来有害赤潮生物多达16种，加剧了我国沿海赤潮的发生。比如，自20世纪末开始在我国南方海域多次发生的球形棕囊藻（Phaeocystis globosa）赤潮，实际上就是外来生物入侵事件。在此之前，我国每次赤潮的发生面积一般不会超过几百平方千米，有毒赤潮也很少，但进入20世纪90年代，不仅有毒赤潮多了，发生面积也动辄成千上万平方千米。这在很大程度上要归咎于入侵物种，比如米氏凯伦藻（Karenia mikimotoi）等。

为了遏制压载水对入侵物种的传播，有相当多的国家采取了措施并制定了相关法律法规。比如，美国从20世纪末开始强制性要求，进入大湖区、哈得孙河的船舶应在200海里专属经济区外至少2 000

米水深处进行压载水交换，或者用美国海岸警卫队批准的压载水管理办法替代压载水交换行为，或者将压载水保留在船上。2004年美国又进一步规定，其他船舶从200海里专属经济区外进入美国水域之前，必须在离岸200海里以上的海域置换压载水，该规定建立在远海生活的生物不能适应近海环境（反之亦然）的假设基础之上。

此外，还有一些船舶公司设计了一些不需要压载水也能稳定航行的船只，但目前尚不占主流。

为了进一步应对压载水带来的物种入侵问题，2004年，国际海事组织（IMO）通过了《国际船舶压载水和沉积物控制与管理公约》。2016年9月，随着芬兰的加入，缔约国达到52个，商船总吨位达到世界的35.14%，公约达到35%的启动条件，于次年生效。2019年1月22日，该公约对我国正式生效。

根据这一公约，船舶压载水管理有压载水置换和压载水处理两种途径或两个标准。

该公约提倡船舶在离岸200海里以上且水深200米以上的地方进行压载水置换；如果此条件无法满足，则至少应在离岸50海里以上且水深200米以上的地方进行置换；如仍无法满足条件，则应在港口指定区域进行置换。

压载水处理指通过机械、物理或化学方法消灭压载水携带的生物。此种方法的关键在于给船舶配备相关装置，这涉及新船的生产和旧船的改造两个部分。一些无法改装的旧船可能不得不面临提前报废的命运，这也是由此产生的代价。但从长远和总体来看，它仍然是我们可以接受的代价，因为它一方面保护了海洋生态，另一方面避免了不同国家出台纷杂的单边政策而造成贸易壁垒。当然，对旧船的当事船主来说，船只报废可能也是一笔不小的损失。

必要的行动

人类的活动不可能停止，所以外来物种仍然会以种种方式被引入，这无法避免。与此同时，根除一些入侵生物似乎也不现实。面对这种困境，我们不禁会产生疑问：我们的抵抗究竟有没有意义？

但毫无疑问，放任生物入侵的发生是灾难性的。很多时候，即使不能根除入侵生物，控制入侵物种的种群规模也能带来积极的结果。即使某些尝试根除入侵物种的努力失败了，也能够带来一定的经验和收益。而且随着时代和科学的进步，今天不能解决的问题并不代表明天不能解决，持续的努力将使我们更加接近目标。生物入侵造成的损害往往是不可逆的，尽可能地保护现有的生态系统，延缓生物入侵的发生，具有深远的意义。我们应该充分利用今天，为未来争取一点儿时间。

同样，我们也要为本土的生态系统争取一些缓冲的时间，避免生态系统一下子被摧毁。生态系统具有抵抗力稳定性，能够在一定范围内针对外来物种做出抗性演化。比如，岸蟹入侵北美东部海岸后，一些本土螺类会演化出更厚的外壳用于对抗前者。再比如，美国东南部的一些蜥蜴类爬行动物演化出更长的腿，以躲避红火蚁的攻击，那里的蛙类也做出了适应性的行为变化。

事实上，严格的规定和快速的响应是有可能以可接受的成本将生物入侵造成的损失降至最低的。从长期看，生物入侵造成的经济和生态损失是惊人的，远远超过采取合适的措施所产生的成本。

采取行动是我们必须做出的选择。

在大多数情况下，海关是拦截生物入侵的第一道屏障，很多生物入侵事件发生之前，往往都伴随着海关若干次的成功拦截记录。这也意味着，海关的拦截对特定物种的入侵具有重要的阻挡或延迟作用。这里面还有一个需要探讨的问题，那就是对于已经成功入侵的物种，海关还有必要继续进行检疫拦截吗？

答案是肯定的，因为要防止多重入侵。多重入侵能够帮助入侵物种解决遗传瓶颈问题，这本书读到现在，你应该知道了很多生物入侵事件的起点都是少数繁殖个体。这意味着入侵种群的遗传多样性不及原产地，虽然一些种群在某些方面具有一些优势，但它们的基因库不够大，遗传潜力较差。如果有更多的个体从原产地输入，就有可能带来更多的基因，丰富整个入侵种群的遗传多样性，使得种群的适应范围更大、生存能力更强。与此同时，新的入侵个体还有可能携带新的寄生、共生生物，而这些寄生和共生生物有可能影响入侵种群的活力，并且有可能和本土的其他生物发生新的相互作用。就像我们之前讲到的，蛙的入侵伴随着真菌的传入，重创了整个两栖动物世界。所以这些都是未知和不可控的风险。

那么，海关能够成功拦截所有的入侵生物吗？

显然不能。

因此我们需要在本土建立起早期预警和快速响应的机制，理想状态是做到对生物入侵事件的动态消除。也就是说，在如今不断发生生物入侵事件的大前提下，能够及早发现入侵生物，尽快采取行动消除入侵生物，将入侵事件控制在小范围、小影响的状态。

然而，要实现这个目标，我们目前面临着不少困难。

首先，我们的公共机构没有足够的人力投入这种监控活动中去，对于那些新出现的、零星发生的入侵物种，甚至没有足够的能力去准确识别出它们。由于生物具有多样性，生物鉴定本身是一件具有一定专业门槛的事情，就算可以利用生物条码技术进行鉴定，实际操作起来也并不容易。这就导致我们的监控、预警环节存在着很大的滞后性，往往要等到入侵物种已经形成了一定的规模、造成了一定的损失，才会有所察觉，而此时已经错过了防控的最佳时机。

因此，入侵物种的监控和预警还要依靠人民群众。我们要面向公众做好宣传工作，让更多人在日常工作和生活中对入侵物种具有一定的敏感度。我们要特别关注本地的自然博物爱好者，虽然这是一个小众人群，但他们拥有不少的专业知识，并且相当了解本土植物和本土生境的变化，所以他们对于入侵物种会相当警觉。此外，我们还需要建立公众向官方报告和官方核实的机制。

其次是快速响应的问题。我们既需要准备一般预案，也需要准备针对性预案，后者针对的是那些臭名昭著的严重入侵物种，哪怕它们尚未入侵我国，仍然应该准备预案。

再次，我们需要更高效的协调机制，不光是对那些新发生的小规模入侵事件，也对那些已经大面积发生的生物入侵事件。这些可能不仅涉及环境保护问题，还需要协调和整合多个部门的力量，避免大家各自为政或互相推诿。

最后，我们需要进一步完善立法。目前，我国有多部法律涉及生物入侵问题，比如《动植物检疫法》《动物防疫法》《海洋环境保护法》《草原法》《农业法》《种子法》《渔业法》《畜牧法》《生物安全法》等。新的《刑法》修正案中也加入了相关条目，比如《刑法》第三百四十四条新增了"违反国家规定，非法引进、释放或者丢弃外来入侵物种，情节严重的，处三年以下有期徒刑或者拘役，并处或者单处罚金"的规定。但这一条文缺乏更明确的解释和执行标准，比如对"情节严重"的场景和标准说明。我的建议是应该尽快进行释法，使它具备更强的可执行性。比如，拟定一份明确的、不断更新的物种名单——不仅针对已有外来物种，还应包括有风险但尚未入侵的物种，同时要考虑生物入侵问题的复杂性，这份名单需要反复推敲。在物种鉴定层面，也需要制定明确的标准，比如什么机构或什么人可以做物种鉴定，我建议物种鉴定要兼顾形态学和分子生物学（DNA 条形码）两个方面的证据。

现在，相关条目分散在各种法律中，体系不够完整，应该考虑专门立法。事实上，在国外，这种专门立法也有先例可循，比如我们的邻居日本在 2004 年颁布了《关于防止特定外来生物致生态系统损害的法律》。专门立法有利于厘清头绪、明确职责，确实应该考虑。2022 年 5 月 31 日，农业农村部、自然资源部、生态环境部和海关总署联合公布了《外来入侵物种管理办法》，并于当年 8 月 1 日正式实施。该行政法规的公布极大地完善了相关制度和规定，明确了相关部门的职责，具有里程碑意义，也可以为将来的立法提供重要依据和经验。

当然，应对生物入侵问题也需要国际社会的通力合作。目前，包括《生物多样性公约》、《国际植物保护公约》和上文提到的《国际船舶压载水和沉积物控制与管理公约》等在内的50多份相关的国际协议、协定和指南等，能够为我们应对生物入侵问题提供支持。一些国际合作也凝聚了相关人士的努力，但目前看来，仍任重道远。

吹哨：小火蚁来了！

本书的初稿在 2021 年年底就完成了。但我万万没想到的是，在对稿子做初步修改的过程中遇到了状况。

2022 年 1 月 16 日中午，我正在从头修改打印出来的稿子。我有这样的习惯，用笔在纸上改书稿，反复几轮以后再誊到电脑上去。整整一个上午，我有点儿累。正好赶上午饭，我就把稿子一丢，捡起了扔得远远的手机——手机实在太干扰工作了，我在家通常会把它丢得远远的。随意瞄了一眼，好像有人给我发来了信息？先吃饭，一会儿再看。

幸亏是这个决定，让我能吃个饱饭。

饭后，我一边读稿子，一边看娃，忽然想起来要读一下信息。但这一细看，我就不淡定了。

发来信息的两个人都是蚂蚁爱好者，其中一位还曾跟我分享了在野外观察武士悍蚁的经历和成果，我在《寻蚁记》一书中提到了这件事。他们同时给我发来了差不多的照片，是另一位爱好者偶然遇到的蚂蚁，并且提到了第四位爱好者的怀疑，后者认为它们可能是金刻沃氏蚁（*Wasmannia auropunctata*），也就是著名的入侵物种小火蚁。

小火蚁的原产地大致在美洲热带地区，但是目前尚不能精确定位其原产地范围。正是因为如此，在美洲无法区分其原产地和入侵地，也就没办法推定其在美洲作为入侵物种出现的时间。但估计它们是以生物入侵的方式进入古巴的，若是如此，则时间不晚于1863年。而其他大陆都可以确认小火蚁为入侵种群，最早的记录时间为1890年前后，地点为非洲的加蓬和塞拉利昂，不过塞拉利昂的记录尚须进一步核实。在印度洋至太平洋区域，它们最早进入的是新喀里多尼亚（1972）和所罗门群岛（1974），这一支传播得非常活跃，并且迅速向邻近岛屿传播。1999年，小火蚁到达夏威夷；2002年，澳大利亚；2005年，巴布亚新几内亚；2011年，关岛……

和红火蚁一样，小火蚁以其毒液闻名，但小火蚁的体型比红火蚁小很多。"幸运"的是，由于体型的限制，小火蚁单次蜇伤所能注射的毒液量比红火蚁少得多，让人感觉没有那么疼，但前提是不被一群蚂蚁蜇。若是一群小火蚁同时攻击，说不定会引发更严重的问题，不仅会带来过敏反应，小火蚁的毒液在蜇刺人的眼睛后还可能会致盲。不幸的是，因为体型微小，小火蚁比红火蚁更难防控，也更容易携带和运输。事实上，它们的繁殖力也很强，新喀里多尼亚和夏威夷的入侵问题很可能就是由只包含一只蚁后的小群造成的。

小火蚁不仅会蜇伤人和动物，还会捕食昆虫、危害作物，甚至导致农田彻底废弃。埃琳娜·安古洛（Elena Angulo）等人对12种入侵性蚂蚁在27个地区从1930年开始的数据进行了统计，确认了红火蚁是造成经济代价最大的物种，总损失多达369.1亿美元，紧随其后的是小火蚁，达到 199.1 亿美元。

2018 年，我国连云港海关在来自泰国的水果货物中曾成功拦截了小火蚁。难道现在它们终于成功入侵我国了吗？

我希望这不是真的。

但当我抱着侥幸心理认真看照片时，心里却凉了半截。

下午 1 点 41 分，我拨通了许益镌教授的电话："老许，可能要麻烦你跑一趟了。"

当时我只知道疑似小火蚁发生的一个大概位置——广东汕头某地。我任客座研究员的华南农业大学红火蚁研究中心正好在广东，许教授是我在那里的联络人。由于我无法马上前往广东，许教授是最适合做进一步调查的人选了。

与此同时，也要找到发现蚂蚁的人，让他带许教授去做实地考察，否则人生地不熟，许教授很可能会白跑一趟，错失调查目标。

此事必须尽快，以免和这名爱好者失联。于是，我通过自己能联系到的爱好者开始寻找这个"线人"。好在大家的效率都很高。

下午 2 点 18 分，我终于拿到了这位爱好者的微信联系方式，通过沟通，我知道了他姓刘。他很高效，当天下午就按照我们的要求采集了三组样本发往华南农业大学。

17 日下午，我们拿到了样本。许老师也发来了更清晰的显微照片。从形态学上我有九成以上把握确信它们就是小火蚁。为了保险起见，我和许老师商量决定对样本进行 DNA 条码测序。DNA 条码是生物基因组中的一小段保守序列，通常在同一物种内变化很小，可以作为判定物种的重要依据。我们对每组样本都做了提取。

20 日下午，测序和比对结果出来了，符合度在 99.5% 以上。我们已经可以确定，来自汕头的样本就是小火蚁。接下来是实地考察，初摸入侵情况。

21 日，周五傍晚，许老师驱车到达了汕头。

22 日，天公不作美，下起了雨。由于许老师要在周末结束前返回，考察工作就只能冒雨进行了。我们保持着联系，又发现了一些新情况。

24 日，在和许老师、红火蚁研究中心的领导陆永跃教授进行沟通之后，我们觉得有必要做一回吹哨人了。我们三人决定按照程序，依托华南农业大学，联名上报情况。政府有关部门的反应很快，相关领导做了批示，指派了专人和研究中心对接，希望尽快摸清小火蚁的入侵情况，并采取有效的应对策略。

▶ ▶ 小火蚁的工蚁和蚁后（中间）
图片来源：刘彦鸣 摄

▶ ▶ 小火蚁工蚁标本，其螯针明显，第一结节后部侧面观呈方形，触角鞭节棒 2 节
图片来源：本书作者所在团队 摄

毫无疑问，政府的介入使我们能更好地应对此次入侵事件，今后我也将尽我所能参与研究并建言献策。

我们有信心消除小火蚁的入侵疫情吗？非常抱歉，我没有把握。事实上，迄今为止，在被入

▶ ▶ 石头下的小火蚁群体，这是一种多后型蚂蚁，通常为浅层筑巢
　　图片来源：本书作者所在团队　摄

侵后，罕有国家或地区彻底清除了小火蚁。它们太小了，很难与普通蚂蚁区分开来，并且可以在各种生境条件下筑巢。一旦大面积发生，想剿灭它们，实在太难了。加上这种蚂蚁的蚁后可以克隆繁殖，源源不断地产生新蚁后，只要我们稍有停歇，它们就会立即反弹。正因为如此，发现得越早，控制住的可能性就越大。

按照我们目前掌握的情况，小火蚁的入侵似乎还处于早期阶段，分布应该还很有限。但一切都不好说。仓促之下，我们并没有完全掌握情况，而且目前我们尚无法全面开展调查工作。一般来说，任何一种外来有害生物一旦被发现，往往已经经历了传入与成功建群甚至扩散的阶段。因此，尽管目前已知的分布是有限的，但不排除存在更多未发现的入侵地点和入侵事件。我现在有件很担心的事情，可能也是个最坏的打算。稍早，我国台湾地区也发现了这种蚂蚁的入侵，蚁学家林宗岐等人还认为那很有可能是个超级巢。我现在担心的是，隔着台湾海峡的福建到底有没有这种蚂蚁，台湾和汕头的小火蚁之间有没有关联？当然，普通人没有必要对这件事反应过度，你所见到的蚂蚁应该都不是小火蚁，后者还远未达到大范围扩散的程度，一般人短期内几乎没有遇到它们的可能。

眼下，我还不能给出一个针对性的完备方案，有待进一步摸索。考虑到一巢蚂蚁即使只剩下单个蚁后仍能恢复，对其巢穴的杀灭就必须彻底。不管采取什么方法，都要对其反复、多次进行消除，直至彻底摧毁。而且，要在杀灭处理后多次进行回访和观察，确保其不会死灰复燃。消灭小火蚁的关键之一在于，对其进行准确识别，将它们和本土蚂蚁区分开来。

这一点难度很大，但必须坚决执行。

在对付入侵蚂蚁的时候，本土蚂蚁是我们的重要盟友，有它们镇守领地，小火蚁入侵的步伐就会被延缓，甚至不能入侵。而一旦本土蚂蚁被

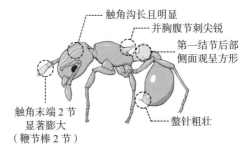

触角沟长且明显

并胸腹节刺尖锐

第一结节后部侧面观呈方形

触角末端 2 节显著膨大（鞭节棒 2 节）

螫针粗壮

▶ ▶ 小火蚁工蚁的形态学识别特征，此蚂蚁体长为 1~1.5 毫米，非常微小
图片来源：周凯绘制，本书作者标注

无差别杀灭，入侵蚂蚁就更容易乘虚而入，一旦它们定殖下来，想清除就不容易了。因此，除了对大面积密集发生的区域进行大范围防控外，对零星发生的巢穴也应该进行定点清除。

为了更好地防控，我们需要及时公开披露信息。在征询了政府部门的意见以后，我们开始撰写报告论文。为了尽快发表、公开信息，我们决定先抛开其他问题，仅专注于报道其存在。我们在两周内就完成了论文初稿，然后投出了论文。之后，经过和期刊的沟通、审稿人的同行评议等，2022 年 4 月 8 日，我们的论文以 "First record of the little fire ant, *Wasmannia auropunctata* (Hymenoptera: Formicidae), in Chinese mainland（在中国大陆的首次小火蚁记录）" 的标题在《农业科学学报》的英文版（*Journal of Integrative Agriculture*）上发表了，并附有中文摘要，我和许益镌教授共同作为通讯作者。这篇论文引起了一些反响，《光明日报》《新京报》《中国科学报》《科普时报》等都做了报道，新浪、腾讯等知名网络媒体也进行了转载报道。小火蚁来袭的哨声已经吹响，希望接下来我们能有所作为。

《外来入侵物种管理办法》①

农业农村部、自然资源部、生态环境部、海关总署令（2022 年第 4 号）
（自 2022 年 8 月 1 日起施行）

第一章 总则

第一条 为了防范和应对外来入侵物种危害，保障农林牧渔业可持续发展，保护生物多样性，根据《中华人民共和国生物安全法》，制定本办法。

第二条 本办法所称外来物种，是指在中华人民共和国境内无天然分布，经自然或人为途径传入的物种，包括该物种所有可能存活和繁殖的部分。

本办法所称外来入侵物种，是指传入定殖并对生态系统、生境、物种带来威胁或者危害，影响我国生态环境，损害农林牧渔业可持续发展和生物多样性的外来物种。

第三条 外来入侵物种管理是维护国家生物安全的重要举措，应

① 转载自国家海关总署网站政务公开：http://www.customs.gov.cn/customs/302249/2480148/4410555/index.html.

当坚持风险预防、源头管控、综合治理、协同配合、公众参与的原则。

第四条　农业农村部会同国务院有关部门建立外来入侵物种防控部际协调机制，研究部署全国外来入侵物种防控工作，统筹协调解决重大问题。

省级人民政府农业农村主管部门会同有关部门建立外来入侵物种防控协调机制，组织开展本行政区域外来入侵物种防控工作。

海关完善境外风险预警和应急处理机制，强化入境货物、运输工具、寄递物、旅客行李、跨境电商、边民互市等渠道外来入侵物种的口岸检疫监管。

第五条　县级以上地方人民政府依法对本行政区域外来入侵物种防控工作负责，组织、协调、督促有关部门依法履行外来入侵物种防控管理职责。

县级以上地方人民政府农业农村主管部门负责农田生态系统、渔业水域等区域外来入侵物种的监督管理。

县级以上地方人民政府林业草原主管部门负责森林、草原、湿地生态系统和自然保护地等区域外来入侵物种的监督管理。

沿海县级以上地方人民政府自然资源（海洋）主管部门负责近岸海域、海岛等区域外来入侵物种的监督管理。

县级以上地方人民政府生态环境主管部门负责外来入侵物种对生物多样性影响的监督管理。

高速公路沿线、城镇绿化带、花卉苗木交易市场等区域的外来入侵物种监督管理，由县级以上地方人民政府其他相关主管部门负责。

第六条　农业农村部会同有关部门制定外来入侵物种名录，实行动态调整和分类管理，建立外来入侵物种数据库，制修订外来入侵物种风险评估、监测预警、防控治理等技术规范。

第七条　农业农村部会同有关部门成立外来入侵物种防控专家委员会，为外来入侵物种管理提供咨询、评估、论证等技术支撑。

第八条　农业农村部、自然资源部、生态环境部、海关总署、国家林业和草原局等主管部门建立健全应急处置机制，组织制订相关领域外来入侵物种突发事件应急预案。

县级以上地方人民政府有关部门应当组织制订本行政区域相关领域外来入侵物种突发事件应急预案。

第九条　县级以上人民政府农业农村、自然资源（海洋）、生态环境、林业草原等主管部门加强外来入侵物种防控宣传教育与科学普及，增强公众外来入侵物种防控意识，引导公众依法参与外来入侵物种防控工作。

任何单位和个人未经批准，不得擅自引进、释放或者丢弃外来物种。

第二章　源头预防

第十条　因品种培育等特殊需要从境外引进农作物和林草种子苗木、水产苗种等外来物种的，应当依据审批权限向省级以上人民政府农业农村、林业草原主管部门和海关办理进口审批与检疫审批。

属于首次引进的，引进单位应当就引进物种对生态环境的潜在影响进行风险分析，并向审批部门提交风险评估报告。审批部门应当及时组织开展审查评估。经评估有入侵风险的，不予许可入境。

第十一条　引进单位应当采取安全可靠的防范措施，加强引进物种研究、保存、种植、繁殖、运输、销毁等环节管理，防止其逃逸、扩散至野外环境。

对于发生逃逸、扩散的，引进单位应当及时采取清除、捕回或其他补救措施，并及时向审批部门及所在地县级人民政府农业农村或林业草原主管部门报告。

第十二条　海关应当加强外来入侵物种口岸防控，对非法引进、携带、寄递、走私外来物种等违法行为进行打击。对发现的外来入侵物种以及经评估具有入侵风险的外来物种，依法进行处置。

第十三条　县级以上地方人民政府农业农村、林业草原主管部门应当依法加强境内跨区域调运农作物和林草种子苗木、植物产品、水产苗种等检疫监管，防止外来入侵物种扩散传播。

第十四条　农业农村部、自然资源部、生态环境部、海关总署、国家林业和草原局等主管部门依据职责分工，对可能通过气流、水流等自然途径传入我国的外来物种加强动态跟踪和风险评估。

有关部门应当对经外来入侵物种防控专家委员会评估具有较高入侵风险的物种采取必要措施，加大防范力度。

第三章　监测与预警

第十五条　农业农村部会同有关部门建立外来入侵物种普查制度，每十年组织开展一次全国普查，掌握我国外来入侵物种的种类数量、分布范围、危害程度等情况，并将普查成果纳入国土空间基础信息平台和自然资源"一张图"。

第十六条　农业农村部会同有关部门建立外来入侵物种监测制

度，构建全国外来入侵物种监测网络，按照职责分工布设监测站点，组织开展常态化监测。

县级以上地方人民政府农业农村主管部门会同有关部门按照职责分工开展本行政区域外来入侵物种监测工作。

第十七条 县级以上地方人民政府农业农村、自然资源（海洋）、生态环境、林业草原等主管部门和海关应当按照职责分工及时收集汇总外来入侵物种监测信息，并报告上级主管部门。

任何单位和个人不得瞒报、谎报监测信息，不得擅自发布监测信息。

第十八条 省级以上人民政府农业农村、自然资源（海洋）、生态环境、林业草原等主管部门和海关应当加强外来入侵物种监测信息共享，分析研判外来入侵物种发生、扩散趋势，评估危害风险，及时发布预警预报，提出应对措施，指导开展防控。

第十九条 农业农村部会同有关部门建立外来入侵物种信息发布制度。全国外来入侵物种总体情况由农业农村部商有关部门统一发布。自然资源部、生态环境部、海关总署、国家林业和草原局等主管部门依据职责权限发布本领域外来入侵物种发生情况。

省级人民政府农业农村主管部门商有关部门统一发布本行政区域外来入侵物种情况。

第四章 治理与修复

第二十条 农业农村部、自然资源部、生态环境部、国家林业和草原局按照职责分工，研究制订本领域外来入侵物种防控策略措施，指导地方开展防控。

县级以上地方人民政府农业农村、自然资源（海洋）、林业草原等主管部门应当按照职责分工，在综合考虑外来入侵物种种类、危害对象、危害程度、扩散趋势等因素的基础上，制订本行政区域外来入侵物种防控治理方案，并组织实施，及时控制或消除危害。

第二十一条 外来入侵植物的治理，可根据实际情况在其苗期、开花期或结实期等生长关键时期，采取人工拔除、机械铲除、喷施绿色药剂、释放生物天敌等措施。

第二十二条 外来入侵病虫害的治理，应当采取选用抗病虫品种、种苗预处理、物理清除、化学灭除、生物防治等措施，有效阻止病虫害扩散蔓延。

第二十三条 外来入侵水生动物的治理，应当采取针对性捕捞等措施，防止其进一步扩散危害。

第二十四条 外来入侵物种发生区域的生态系统恢复，应当因地制宜采取种植乡土植物、放流本地种等措施。

第五章 附则

第二十五条 违反本办法规定，未经批准，擅自引进、释放或者丢弃外来物种的，依照《中华人民共和国生物安全法》第八十一条处罚。涉嫌犯罪的，依法移送司法机关追究刑事责任。

第二十六条 本办法自 2022 年 8 月 1 日起施行。

Alves JM, Carneiro M, Day JP, ..., Jiggins FM. 2022. A single introduction of wild rabbits triggered the biological invasion of Australia. *PNAS* 35, e2122734119.

Angulo E, Hoffmann B, Ballesteros-Mejia L,..., Courchamp F. 2022. Economic costs of invasive alien ants worldwide. *Biological Invasions* 24, 2041–2060.

Auld BA, Martin PM. 1975. The autecology of *Eupatorium adenophorum* Spreng. in Australia. *Weed Research* 15, 27–31.

Austin DF, Kitajima K, Yoneda Y ,..., Qian LF. 2001. A putative tropical American plant, *Ipomoea nil* (Convolvulaceae), in pre-Columbian Japanese art. *Economic Botany* 55, 515–527.

Bell WJ, Adiyodi KG. 1981. The American cockroach. New York: Chapman and Hall Ltd.

Bess HA. 1953. Status of *Ceratitis capitata* in Hawaii following the introduction of *Dacus dorsalis* and its parasites. *Hawaiian Entomological Society* 15, 221–234.

Bonnaud E, Medina FM, Vidal E, ..., Horwath SV. 2011.The diet of feral cats on islands: a review and a call for more studies. *Biological Invasions* 13, 581–603.

Bouwmeester MM, Waser AM, Meer JVD, Thieltges DW. 2019. Prey size selection in invasive (*Hemigrapsus sanguineus* and *H. takanoi*) compared with native (*Carcinus maenas*) marine crabs. *Journal of the Marine Biological Association of the United Kingdom* 100, 73–77.

Campbell GL, Marfin AA, Lanciotti RS, Gubler DJ. 2002. West Nile virus. *The Lancet Infectious Diseases* 2, 519–529.

Centers for Disease Control and Prevention. 2016. Species of dead birds in which West Nile virus has been detected, United States, 1999–2016.

Chen SQ, Zhao Y, Lu YY, Ran H, Xu YJ. 2022. First record of the little fire ant, *Wasmannia auropunctata* (Hymenoptera: Formicidae), in Chinese mainland. *Journal of Integrative*

Agriculture. 21: 1825–1829.

Chwałczyk F. 2020. Around the Anthropocene in eighty names-considering the Urbanocene proposition. *Sustainability* 12, 4458.

Cohen AN, Carlton JT, Fountain MC. 1995. Introduction, dispersal and potential impacts of the green crab *Carcinus maenas* in San Francisco Bay, California. *Marine Biology* 122, 225–237.

Coile NC.1993.Florida's Most Invasive Species. *The Palmetto* 3, 6–7.

Collins JP. 2010. Amphibian decline and extinction: What we know and what we need to learn. *Diseases of Aquatic Oranisms* 92, 93–99.

Coman B. 1999. Tooth and nail: the story of the rabbit in Australia. Melbourne: Text Publishing.

Cooling M, Hartley S, Sim DA, Lester PJ. 2012. The widespread collapse of an invasive species: Argentine ants (*Linepithema humile*) in New Zealand. *Biology Letters* 8, 430–433.

Dumbauld B, Ellis S, Grosholz T,..., Yamada S. 2002. Management plan for European green crab. Green Crab Control Committee. United States Federal Aquatic Nuisance Species Task Force. 2002–11–13.

Early R, Bradley BA, Dukes JS, ..., Tatem AJ. 2016. Global threats from invasive alien species in the twenty-first century and national response capacities. *Nature Communications* 7, 12485–12493.

Emanuel MB. 1988. Hay fever, a post industrial revolution epidemic: a history of its growth during the 19th century. *Clinical Allergy* 18, 295–304.

Eriksen TH. 2021. The loss of diversity in the Anthropocene biological and cultural dimensions. *Frontiers in Political Science* 3, 743610.

Fang Z, Gonzales AM, Durbin ML, ..., Morrell PL. 2013. Tracing the geographic origins of weedy *Ipomoea purpurea* in the Southeastern United States. *Journal of Heredity* 104, 666–677.

Fennell M, Wade M, Bacon KL. 2018. Japanese knotweed (*Fallopia japonica*): an analysis of capacity to cause structural damage (compared to other plants) and typical rhizome extension. *PeerJ* 6, e5246.

Fry WE, Birch PRJ, Judelson HS, ..., Smart CD. 2015. Five reasons to consider *Phytophthora infestans* a reemerging pathogen. *The American Phytopathological Society* 105, 966–981.

Fry WE, Goodwin SB, Dyer AT, ..., Sandlan KP. 1993. Historical and recent migrations of

Phytophthora infestans: chronology, pathways, and implications. *Plant Disease* 7, 653–661.

Galbreath R, Brown D. 2004. The tale of the lighthouse-keeper's cat: discovery and extinction of the Stephens Island wren (*Traversia lyalli*). *Notornis* 51, 193–200.

George TL, Harrigan RJ, LaManna JA, ..., Smith TB. 2015. Persistent impacts of West Nile virus on North American bird populations. *PNAS* 112,14290–14294.

Gervasi SS, Urbina J, Hua J,..., Blaustein AR. 2013. Experimental evidence for American bullfrog (*Lithobates catesbeianus*) susceptibility to chytrid fungus (*Batrachochytrium dendrobatidis*). *EcoHealth* 10, 166–171.

Ghabbari M, Guarino S, Caleca V, ..., Verde GL. 2020. Behavior-modifying and insecticidal efects of plant extracts on adults of *Ceratitis capitata* (Wiedemann) (Diptera Tephritidae). *Journal of Pest Science* 93, 1043–1058.

Giraud T, Pedersen JS, Keller L. 2002. Evolution of supercolonies: The Argentine ants of southern Europe. *PNAS* 99, 6075–6079.

Glowka L, ..., 中华人民共和濒危物种科学委员会, 中国科学院生物多样性委员会. 1997. 生物多样性公约指南. 科学出版社.

Goss EM, Tabima JF, Cooke DEL, ..., Grünwald NJ. 2014. The Irish potato famine pathogen *Phytophthora infestans* originated in central Mexico rather than the Andes. *PNAS* 111, 8791–8796.

Greiner DM, Denise I. Skonberg, Lewis B. Perkins, Jennifer J. Perry. 2021. Use of invasive green crab *Carcinus maenas* for production of a fermented condiment. *Foods* 10, 659.

Grosholz ED. 1996. Predicting the impact of introduced marine species: lessons from the multiple invasions of the European green crab *Carcinus maenas*. *Biological Conservation* 78, 59–66.

Haas BJ, Kamoun S, Zody MC, ..., Nusbaum C. 2009. Genome sequence and analysis of the Irish potato famine pathogen *Phytophthora infestans*. *Nature* 461, 393–398.

Hamelin A, Begon D, Conchou F, Fusellier M, Abitbol M. 2017. Clinical characterisation of polydactyly in maine coon cats. *Journal of Feline Medicine & Surgery* 19, 382–393.

Hettenhausen C, 李娟, 张井雄, 吴建强. 2017. 菟丝子在不同寄主间的系统性信号传递. 第十三届全国杂草科学大会论文摘要集.

Huang HJ, Wanhui Ye, Xiaoyi Wei, Chaoxian Zhang. 2009. Allelopathic potential of sesquiterpene lactones and phenolic constituents from *Mikania micrantha* H. B. K.. *Biochemical Systematics and Ecology* 36, 867–871.

Huang ZT, Qian X, Zhong JH, ..., Hu J. 2007. Progress of biological studies on primary reproductives in *Cryptotermes domesticus* (Isoptera: Kalotermitidae). *Sociobiology* 50, 1–7.

Hunt TL, Lipo CP. 2006. Late colonization of Easter Island. *Science* 311, 1603-1606.

Jernelöv A. 2017. The long-term fate of invasive species: aliens forever or integrated immigrants with time?. Springer.

Johnson CN, Wroe S. 2003. Causes of extinction of vertebrates during the Holocene of mainland Australia: arrival of the dingo, or human impact?. *The Holocene* 13, 941–948.

Kawai T, Kobayashi Y. 2005. Origin and current distribution of the alien crayfish, *Procambarus clarkii* (Girard, 1852) in Japan. *Crustaceana* 78, 1143–1149.

Kramer LD, Li J, Shi PY. 2007. West Nile virus. *The Lancet Neurology* 6, 171–181.

Lavelle M. 2015. Moveable feast: as fish stocks move in response to warming regulators struggle to keep pace. *Science* 350, 760–763.

Lambert MR, Womack MC, Byrne AQ, ..., Rosenblum EB. 2020. Comment on "Amphibian fungal panzootic causes catastrophic and ongoing loss of biodiversity". *Science* 367, eaay1838.

Lapidge S, Eason C, Humphrys S. 2008. A review of chemical, biological and fertility control options for the camel in Australia. *Desert Knowledge CRC Report* 51, 1–67.

Letnic M, Ritchie EG, Dickman CR. 2012. Top predators as biodiversity regulators: the dingo *Canis lupus dingo* as a case study. *Biological Reviews* 87, 390–413.

Lester PJ, Booms GM. 2016. Busts and population collapses in invasive ants. *Biological Invasions* 18, 1–11.

Levin LA, Bris NL. 2015. The deep ocean under climate change. *Science* 350, 766–768.

Liu WM, Xie YP, Dong J, ..., Wu J. 2014. Pathogenicity of three entomopathogenic fungi to *Matsucoccus matsumurae*. *PLoS One* 9, e103350.

Lowe S, Browne M, Boudjelas S, Poorter MD. 2004. 100 of the world's worst invasive alien species: a selection from the Global Invasive Species Database. The Invasive Species Specialist Group (ISSG). SSC. IUCN.

MacKay WP, Majdi S, Irving J, Vinson SB, Messer C. 1992. Attraction of ants (Hymenoptera: Formicidae) to electric fields. *Journal of the Kansas Entomological Society* 65, 39–43.

Mackay WP, Vinson SB, Irving J, Majdi S, Messer C. 1992. Effect of electrical fields on the red imported fire ant (Hymenoptera: Formicidae). *Environmental Entomology* 21, 865–870.

Martel A, Blooi M, Adriaensen C, ..., Pasmans F. 2014. Recent introduction of a chytrid fungus endangers Western Palearctic salamanders. *Science* 346, 630–631.

May RM. 2011. Why worry about how many species and their loss?. *PLoS Biology* 9, e1001130.

Medina FM, Bonnaud E, Vidal E, ..., Nogales M. 2011. A global review of the impacts of invasive cats on island endangered vertebrates. *Global Change Biology* 17: 3503–3510.

Medlock JM, Hansford KM, Schaffner F, ..., Bortel WV. 2012. A review of the invasive mosquitoes in Europe: ecology, public health risks, and control options. *Vector-Borne and Zoonotic Diseases* 12, 435–447.

Menke SB, Holway DA. 2020. Historical resurvey indicates no decline in Argentine ant site occupancy in coastal southern California. *Biological Invasions* 22, DOI: 10.1007/s10530-020-02211-x.

Morel AP, Webster A, Zitelli LC, ..., Reck J. 2021. Serosurvey of West Nile virus (WNV) in free-ranging raptors from Brazi. *Brazilian Journal of Microbiology* 52, 411–418.

Muniappan R, Raman A, Reddy GVP. 2009. *Ageratina adenophora* (Sprengel) King and Robinson (Asteraceae). in: Biological Control of Tropical Weeds using Arthropods (Muniappan R, Reddy GVP, Raman A eds.). Cambridge University Press.

NHIS. 2019. Summary health statistics: national health interview survey. Table A.

Nitta M, Nagasawa K. 2015. New records of an alien digenean *Glypthelmins quieta* (Plagiorchiidae) infecting the American bullfrog, *Lithobates catesbeianus*, in western Japan. *Biogeography* 17, 37–41.

Nogales M, Vidal E, Medina FM, ..., Zavaleta ES. 2013. Feral cats and biodiversity conservation: the urgent prioritization of island management. *BioScience* 63, 804–810.

O'Hanlon SJ, Rieux A, Rosa GM, ..., Fisher MC. 2018. Recent Asian origin of chytrid fungi causing global amphibian declines. *Science* 360, 621–627.

O'Sullivan BM. 1979. Crofton weed (*Eupatorium adenophorum*) toxicity in horses. *Australian Veterinary Journal* 55, 19–21.

Padial AA, Vitule JRS, Olden JD. 2020. Preface: aquatic homogenocene-understanding the era of biological re-shuffling in aquatic ecosystems. *Hydrobiologia* 847, 3705–3709.

Papes M, Peterson AT. 2003. Predicting the potential invasive distribution for *Eupatorium adenophorum* Spreng. in China. *Journal of Wuhan Botanical Research* 21, 137–142.

Pérez WG. 2010. Technical Manual Potato late blight. International Potato Center.

Poudel AS, Jha PK, Shrestha BB, Muniappan R. 2019. Biology and management of the invasive weed *Ageratina adenophora* (Asteraceae): current state of knowledge and future research needs. *Weed Research* 59, 79–92.

Poudel R, Neupane NP, Mukeri IH, ..., Verma A. 2020. An updated review on invasive nature, phytochemical evaluation, & pharmacological activity of *Ageratina adenophora*. *International Journal of Pharmaceutical Sciences and Research* 11, 2510–2520.

Quammen D. 1998. Planet of weeds. *Harper's Magazine* 10, 57–70.

Reddick D. 1939. Whence came Phytophthora infestans?. *Chron Bot* 5: 410–412.

Rehn JAG. 1945. Man's uninvited fellow traveler-the cockroach. *The Scientific Monthly* 61, 265–276.

Richardson DM, Pysek P, Rejmanek M, ..., West CJ. 2000. Naturalization and invasion of alien plants: concepts and definitions. *Diversity and Distributions* 6, 93–107.

Riefner REJ. 2016. *Ficus microcarpa* (Moraceae) naturalized in southern California, U.S.A.: linking plant, pollinator, and suitable microhabitats to document the invasion process. *Phytologia* 98, 42–75.

Rodder D, Schulte U, Toledo LF. 2013. High environmental niche overlap between the fungus *Batrachochytrium dendrobatidis* and invasive bullfrogs (*Lithobates catesbeianus*) enhance the potential of disease transmission in the Americas. *North-western Journal of Zoology* 9, 178-184.

Rothschild W. 1907. Extinct birds. London: Hutchinson Press.

Rooij PV, Martel A, Haesebrouck F, Pasmans F. 2015. Amphibian chytridiomycosis: a review with focus on fungus-host interactions. *Veterinary Research* 46, 137.

Saalfeld WK, Edwards GP. 2010. Distribution and abundance of the feral camel (*Camelus dromedarius*) in Australia. *The Rangeland Journal* 32, 1–9.

Sang WG, Zhu L, Axmacher JC. 2010. Invasion pattern of *Eupatorium adenophorum* Spreng in southern China. *Biol Invasions* 12, 1721–1730.

Scheele BC, Pasmans F, Skerratt LF, ..., Canessa S. 2019. Amphibian fungal panzootic causes catastrophic and ongoing loss of biodiversity. *Science* 363, 1459–1463.

Scheele BC, Pasmans F, Skerratt LF, ..., Canessa S. 2020. Response to comment on "Amphibian fungal panzootic causes catastrophic and ongoing loss of biodiversity". *Science* 367, eaay2905.

Seixas JS, Hernandez SM, Kunkel MR, ..., Nemeth NM. 2022. West Nile virus infections in an Urban colony of American white ibises (*Eudocimus albus*) in South Florida, USA. *Journal of Wildlife Diseases* 58, 205–210.

Seko Y, Hashimoto K, Koba K, Hayasaka D, Sawahata T. 2021. Intraspecifc diferences in the invasion success of the Argentine ant *Linepithema humile* Mayr are associated with diet breadth. *Scientific Reports* 11, 2874.

Shimoda M, Yamasaki N. 2016. *Fallopia japonica* (Japanese knotweed) in Japan: Why is it not a pest for Japanese people?. in: Vegetation structure and function at multiple spatial, temporal and conceptual scales (Box EO ed.). Springer.

Siahmargueem A, Gorganif M, Ghaderi-Farr F, Asgarpour R. 2020. Germination ecology of ivy-leaved morning-glory: an invasive weed in Soybean Fields, Iran. *Planta Daninha* 38, e020196227.

Slowik TG, Thorvilson HG, Green BL. 1996. Red imported fire ant (Hymenoptera: Formicidae) response to current and conductive material of active electrical equipment. *Journak of Economic Entomology* 89, 347–352.

Spalding MD, Brown BE. 2015. Warm-water coral reefs and climate change. *Science* 350, 769–771.

Starr F, Starr K, Loope L. 2003. *Ficus microcarpa*. United States Geological Survey, Biological Resources Division, Haleakala Field Station, Maui, Hawai'i.

Stuart SN, Chanson JS, Cox NA, ..., Waller RW. 2004. Status and trends of amphibian declines and extinctions worldwide. *Science* 306, 1783–1786.

Sun XY, Lu ZH, Sang WG. 2004. Review on studies of *Eupatorium adenophorum*–an important invasive species in China. *Journal of Forestry Research* 15, 319–322.

Sunamura E, Espadaler X, Sakamoto H, ..., Tatsuki S. 2009. Intercontinental union of Argentine ants: behavioral relationships among introduced populations in Europe, North America, and Asia. *Insectes Sociaux* 56,143–147.

Sunamura E, Hatsumi S, Karino S, ..., Tatsuki S. 2009. Four mutually incompatible Argentine ant supercolonies in Japan: inferring invasion history of introduced Argentine ants from their social structure. *Biological Invasions* 11, 2329–2339.

Sydeman WJ, Poloczanska E, Reed TE, Thompson SA. 2015. Climate change and marine vertebrates. *Science* 350, 772–777.

Tang Q, Bourguignon T, Willenmse L, Coninck ED, Evans T. 2019. Global spread of the German cockroach, *Blattella germanica. Biol Invasions* 21: 693–707.

Tartally A, Antonova V, Espadaler X, Csősz S, Czechowski W. 2016. Collapse of the invasive garden ant, *Lasius neglectus*, populations in four European countries. *Biological Invasions*, 18, 1–5.

Tepolt CK, Darling JA, Bagley MJ, ..., Grosholz ED. 2009. European green crabs (*Carcinus maenas*) in the northeastern Pacific: genetic evidence for high population connectivity and current-mediated expansion from a single introduced source population. *Diversity and Distributions* 15, 997–1009.

Thiengo SC, Faraco FA, Salgado NC, Cowie RH, Fernandez MA. 2007. Rapid spread of an invasive snail in South America: the giant African snail, *Achatina fulica*, in Brasil. *Biol Invasions* 9, 693–702.

Thiengo SC, Maldonado A, Mota EM, ..., Lanfredi RM. 2010. The giant African snail *Achatina fulica* as natural intermediate host of *Angiostrongylus cantonensis* in Pernambuco, northeast Brazil. *Acta Tropica* 115, 194–199.

Tillberg CV, Holway DA, Lebrun EG, Suarez AV. 2007. Trophic ecology of invasive Argentine ants in their native and introduced ranges. *PNAS* 104, 20856–20861.

Todd NB. 1977. Cats and commerce. *Scientific American* 237, 100–107.

Todd NB. 1966. The independent assortment of dominant white and polydactyly in the cat. *The Journal of Heredity* 57, 17–18.

Townsend A. 1997. Japanese knotweed: a reputation lost. *Arnoldia* (Fall), 13–19.

Tripathi RS, Khan ML, Yadav AS. 2012. Biology of *Mikania micrantha* HBK: a review. in: Invasive alien plants an ecological appraisal for the Indian Subcontinent (Bhatt JR, Singh JS, Singh SP, Tripathi RS, Kohli RK eds.). Oxfordshire: CAB International.

Une Y, Sakuma A, Matsueda H, Nakai K, MurakamiM. 2009. Ranavirus outbreak in North American bullfrogs (*Rana catesbeiana*), Japan, 2008. *Emerging Infectious Diseases* 15, 1146–1147.

Vázquez-Domínguez E, Gerardo Ceballos, Juan Cruzado. 2004. Extirpation of an insular subspecies by a single introduced cat: the case of the endemic deer mouse *Peromyscus guardia* on Estanque Island, Mexico. *Oryx* 38, 347–350.

Veselská T, Homutová K, Fraile PG, ..., Kolařík M. 2020. Comparative eco-physiology revealed extensive enzymatic curtailment, lipases production and strong conidial resilience of the bat pathogenic fungus *Pseudogymnoascus destructans*. *Scientific Reports* 10, 16530.

Wetterer JK. 2010. Worldwide spread of the pharaoh ant, *Monomorium pharaonis* (Hymenoptera: Formicidae). *Myrmecological News* 13, 115–129.

Wetterer JK. 2013. Worldwide spread of the little fire ant, *Wasmannia auropunctata* (Hymenoptera: Formicidae). *Terrestrial Arthropod Reviews* 6, 173–184.

Wetterer JK, Espadaler X, Wetterer AL, ..., Franquiho-Aguiar M. 2010. Long-term impact of exotic ants on the native ants of Madeira. *Ecological Entomology* 31, 358–368.

Wetterer JK, Wetterer AL. 2006. A disjunct Argentine ant metacolony in Macaronesia and southwestern Europe. *Biological Invasions* 8, 1123–1129.

Westbrook AS, Han R, Zhu J, Cordeau S, Tommaso AD. 2021. Drought and competition with ivyleaf morningglory (*Ipomoea hederacea*) inhibit corn and soybean growth. *Frontiers in Agronomy* 3, 720287.

Wilgenburg EV, Torres CW, Tsutsui ND. 2010. The global expansion of a single ant supercolony. *Evolutionary Applications* 3, 136–143.

Wu HG, Guang XM, Al-Fageeh MB,..., Wang J. 2014. Camelid genomes reveal evolution and adaptation to desert environments. *Nature Communications* 5, 5188, 1–9.

Wu WJ, Huang ZY, Li ZQ, ..., Gu DF. 2016. De novo transcriptome sequencing of *Cryptotermes domesticus* and comparative analysis of gene expression in response to different wood species. *Gene* 575, 655–666.

Yan Z, Martin SH, Gotzek D, ..., Ross KG. 2020. Evolution of a supergene that regulates a trans-species social polymorphism. *Nature Ecology & Evolution* 4, 240–249.

Yoneda Y. 1970. Peroxidase isozymes in four strains of morning glory. *Genes & Genetic Systems* 45, 183–188.

Young AM, James A. Elliott. 2020. Life history and population dynamics of green crabs (*Carcinus maenas*). *Fishes* 5, 4.

Young AM, Elliott JA, Incatasciato JM, Taylor ML. 2017. Seasonal catch, size, color, and assessment oftrapping variables for the European green crab *Carcinus maenas* (Linnaeus, 1758) (Brachyura: Portunoidea: Carcinidae), a nonindigenous species in Massachusetts, USA. *Journal of Crustacean Biology* 37, 556–570.

Zhang R, Li Y, Liu N, Porter SD. 2007. An overview of the red imported fire ant (Hymenoptera: Formicidae) in mainland China. *Florida Entomologist* 90, 723–731.

Zhao H, Tao WQ, Zhang W. 2019. DNA barcoding and molecular phylogeny indicate that three members of the "morning glory" (*Ipomoea nil* species complex) are conspecific. *Biologia* 74, 1455–1463.

Zhelyazkova V, Hubancheva A, Radoslavov G, ..., Puechmaille SJ.2020. Did you wash your caving suit? Cavers' role in the potential spread of *Pseudogymnoascus destructans*, the causative agent of white-nose disease. *International Journal of Speleology* 49, 149–159.

贝时璋, 陈世骧, 李汝祺, ..., 吴茂霖. 1991. 中国大百科全书（生物学）. 北京 & 上海: 中国大百科全书出版社.

毕海燕, 李湘涛, 徐景先, ..., 杨静. 2015. 物种战争之螳螂捕蝉黄雀在后. 北京: 中国社会出版社.

蔡邦华. 2017. 昆虫分类学（修订版）. 北京: 化学工业出版社.

常亚文, 沈媛, 董长生, ..., 杜予州. 2016. 江苏地区三叶斑潜蝇和美洲斑潜蝇的发生危害及种群动态. 应用昆虫学报 53, 884–891.

陈菊芳, 徐宁, 江天久, ..., 齐雨藻. 1999. 中国赤潮新记录种——球形棕囊藻 (*Phaeocystis globosa*). 暨南大学学报: 自然科学与医学版 20, 124–129.

陈勇, 李宏庆, 马炜梁. 1997. 榕树–传粉者共生体系的研究. 生物多样性 5, 31–35.

陈瑜, 马春森. 2010. 气候变暖对昆虫影响研究进展. 生态学报 30, 2159–2172.

崔灿, 曾玲, 陆永跃, 许益镌. 2018. 电场对红火蚁工蚁聚集的影响. 环境昆虫学报 40, 809–814.

戴夫·古尔森, 王红斌, 冉浩. 2021. 寻蜂记. 南京: 译林出版社.

当代水产. 2016. 湖北潜江成全国最大小龙虾苗输出地, 去年已销 20 亿尾. 当代水产 6, 29.

邓天福, 莫建初. 2010. 全球变暖与蚊媒疾病. 中国媒介生物学及控制 21, 176–177.

东方早报. 2018. 上海一码头现百条毒蛇. 扬州时报, 0815, A14 版.

董合干, 宋占丽. 2017. 伊犁河谷豚草和三裂叶豚草的入侵速度、危害及防治对策. 新疆农业科技 5, 45–46.

杜凡, 杨宇明, 李俊清, 尹五元. 2006. 云南假泽兰属植物及薇甘菊的危害. 云南植物研究 28, 505–508.

方宗熙, 张定民. 1982. 大槻洋四郎对我国海带早期养殖的贡献. 山东海洋学院学报 12, 97–98.

冯惠玲, 杨长举, 张兴, 叶万辉. 2004. 薇甘菊对昆虫和病原菌生物活性的初步研究. 中山大学学报（自然科学版）43, 82–85.

冯军. 2009. 刍议蒲松龄笔下放生现象的文化内涵. 兰州学刊 194, 178–181.

冯军. 2010. 中国"放生"习俗渊源简论. 五邑大学学报（社会科学版）12, 61–63.

高冬梅. 2010. 美国白蛾综合防治技术研究. 硕士学位论文. 山东农业大学.

高汝勇. 2012. 圆叶牵牛浸提液对白菜种子的化感作用研究. 河南农业科学 41, 111–114.

高汝勇. 2018. 圆叶牵牛对衡水湖野大豆的化感作用研究. 现代园艺 11, 6–7.

高汝勇, 时丽冉, 郭晓丽. 2010. 圆叶牵牛对小麦种子的化感作用研究. 麦类作物学报 6, 1132–1134.

葛振华. 1983. 日本松干蚧在三种松树上的产卵量及其寄生若虫数量变化调查. 林业科学

8, 92–99.

官迪, 廖晓兰, 陈立. 2013. 中国和美国红火蚁毒腺生物碱组分的比较分析. 昆虫学报 56, 365–371.

郭峰君, 易灵红, 容英霖, 吴军, 杨乐乐. 2020. 海带加工现状研究. 河北渔业 316, 45–48.

国家环保总局, 中国科学院. 2003. 中国第一批外来入侵物种名单. 环发〔2003〕11 号.

国闻周报. 1929. 调查察绥灾民惨状报告：五原城外灾民死后被野狗食肉惨状. 国闻周报 6, 4.

郭腾达, 宫庆涛, 叶保华, 武海斌, 孙瑞红. 2019. 桔小实蝇的国内研究进展. 落叶果树 51, 43–46.

韩玮, 何志华. 2009. 500 只 "恶霸" 巴西龟无奈入住两栖馆. 长江日报, 1204, 05 版.

禾本. 2019. 俄罗斯：禁止土耳其柑桔进入. 中国果业信息 36, 38.

贺喜叶乐吐, 刘雪娜, 董玮. 2019. 日本松干蚧危险性评估. 吉林林业科技 48, 24–26.

侯屹, 钱俊雄, 邱建章, 李涛, 叶云龙. 2021. 武汉市铁路旅客列车德国小蠊的抗药性调查. 中华卫生杀虫药械 27, 18–20.

湖北日报. 2015. 潜江成全国最大小龙虾虾苗输出地. 渔业致富指南 10, 10.

户连荣, 泽桑梓, 张知晓, 季梅, 刘凌薇. 2018. 甘菊人工速效郁闭及其遮荫控制技术研究. 西部林业科学 47, 96–100.

胡晓贝. 2013. 池塘霸主：巴西红耳龟. 中国科技教育 9, 54.

环境保护部, 中国科学院. 2010. 中国第二批外来入侵物种名单. 环发〔2010〕4 号.

环境保护部, 中国科学院. 2014. 中国外来入侵物种名单（第三批）. 公告 2014 年 第 57 号.

环境保护部, 中国科学院. 2016. 中国自然生态系统外来入侵物种名单（第四批）. 公告 2016 年 第 78 号.

黄建中, 李扬汉. 1993. 菟丝子初生根发育与退化. 南京农业大学学报 16, 12–17.

黄满荣. 2010. 全球气候变暖对海洋生态系统的影响. 大自然 4, 19–23.

黄素青, 韩日畴. 2005. 桔小实蝇的研究进展. 昆虫知识 42, 479–484.

黄伟芬, 章然. 2018. 被蚂蚁咬一口, 没想到瞿大姐胸闷气短, 还晕过去. 钱江晚报, 0901, A0004 版.

黄珍友, 戴自荣, 钟俊鸿, ..., 张瑞麟. 2004. 截头堆砂白蚁的分飞期研究. 昆虫知识 41, 236–238.

黄珍友, 钱兴, 钟俊鸿, 胡剑, 夏传国, 李志强. 2009. 截头堆砂白蚁研究概况. 昆虫学报 52(3)：319–326.

贾忠波. 2018. 教材变身 "姥姥", "外婆" 去哪儿了？. 作文与考试（高中版）24, 16–18.

姜丹. 2020. 松材线虫的危害及防治. 科学与财富 7, 232.

金亚平, 甄丽. 小龙虾产值 3491 亿转型发展路在何方? 第四届中国（国际）小龙虾产业发展大会在湖北潜江举行. 海洋与渔业 2, 12–13.

靳子乐. 2017. 人狗矛盾: "藏獒热"衰减后的治理难题. 长江丛刊·理论研究 6, 97–99.

卡森 R, 韩正（译）. 2018. 寂静的春天. 杭州: 浙江工商大学出版社.

卡逊 R, 吕瑞兰（译）. 1979. 寂静的春天. 北京: 科学出版社.

克略契可, 马绍农（译）. 1982. 地中海实蝇（在苏联）. 植物检疫 2, 25.

科学时报. 2009. 世界自然基金会呼吁遏制红耳龟在中国野外蔓延. 生物学通报 44, 32.

梁晨. 2019. 三种除草剂防治薇甘菊试验. 中国高新区 16, 199–200.

李关锋, 莫聪让, 桑景拴. 2011. 论藤蔓植物及其在城市绿化中的应用. 中国林副特产 114, 116–117.

李广. 2018. 女子被红火蚁咬伤, 过敏休克. 东莞日报, 0905, A12 版.

李红霞, 李刚, 王克成. 2020. 松材线虫的危害与综合防治. 现代农业研究 26, 77–78.

李惠茹. 2018. 我国仙人掌属植物的入侵性研究. 园艺与种苗 4, 24–27.

李计顺, 潘佳亮, 刘超, ..., 阎合. 2021. 2020 年全国松材线虫病疫情流行情况分析. 中国森林病虫 40, 1–4.

李嘉雯, 黄群山. 2012. 城市流浪犬猫的成因、危害与对策. 广东畜牧兽医科技 37, 37–38.

李锦城, 徐伯玮, 许峰铨, ..., 林宗岐. 2021. 光点小火蚁（*Wasmannia auropunctata*）（膜翅目: 蚁科）: 台湾新记录之入侵蚂蚁及其潜在威胁. 台湾昆虫 41, 172–181.

李居棕. 2019. 黑龙江省小龙虾养殖现状及发展对策. 黑龙江水产 6, 5–6.

李鲁宁, 兰儒. 2021. 船舶压载水引入外来生物对近海生态环境安全影响及案例分析. 中国水运 6, 137–139.

利声富, 吴昊. 2020. 入侵者"巴西龟"现身三亚: 三亚海警局提醒, 不要将外来入侵物种随意放生. 南国都市报, 0803, 004 版.

李生武, 王冬武, 徐永福, 罗梦良, 蒋国民. 我国银鱼移植增殖现状及发展对策. 湛江海洋大学学报, 2002, 22: 78–82.

李淑贤, 高宝嘉, 张东风, 宁超, 屈金亮. 2009. 美国白蛾危险性评估研究. 中国农学通报 25, 202–206.

李天芳. 1980. 打碗碗花. 散文 3, 2–3.

李夕英, 谭济才, 宋东宝, 游兰韶. 2012. 桔小实蝇的寄生蜂及其应用. 生物灾害科学 35, 12–17.

李霞霞, 张钦弟, 朱珣之. 2017. 近十年入侵植物紫茎泽兰研究进展. 草业科学 34, 283–292.

李新华, 周闻, 郭嘉诚, 贾霜, 黄思雨. 2020. 二色仙人掌, 中国仙人掌科一新归化种. 热带亚热带植物学报 28, 192–196.

李荫玺, 王开宏, 刘俊. 1995. 大头鲤生态环境及食性分析研究. 云南环境科学 14, 34–40.

理永霞, 张星耀. 2018. 松材线虫入侵扩张趋势分析. 中国森林病虫 37, 1–4.

李云路, 赵新兵. 2004. 台湾成立防治中心计划 3 年内消灭红火蚁. 自贡日报, 1102, 新华社台北 11 月 1 日电.

李志杰, 黄江华. 2018. 薇甘菊防治研究进展. 仲恺农业工程学院学报 31, 66–71.

李志文, 杜萱. 2015. 我国港口防止海洋外来生物入侵的法律对策研究. 北京: 法律出版社.

李竹, 黄满荣, 杨红珍, ..., 毕海燕. 2015. 物种战争之地道战. 北京: 中国社会出版社.

梁广勤. 1990. 地中海实蝇与实蝇属间的竞争. 植物检疫 4, 379–380.

廖瑶, 孙希, 吴忠道. 2019. 广州管圆线虫感染致病机制的研究进展. 中国血吸虫病防治杂志 31, 98–102.

林大溪(译). 1979. 直接接触自然感染的野狗引起腺鼠疫. 华南预防医学杂志 2, 3–6.

刘丹, 史海涛, 刘宇翔, ..., 沈兰. 2011. 红耳龟在我国分布现状的调查. 生物学通报 46, 18–21.

刘必富, 丁瑜, 樊星, 覃彩芹. 2010. 孝感市场小龙虾及提取甲壳素的重金属含量分析. 湖北农业科学 49, 1458–1460.

刘昌松. 2018. 教材编选要注意尊重作者版权. 光明日报, 0702, 02 版.

刘承烺, 薛样洋, 李炫睿. 2016. 买毒蛇放生竟被蛇咬死. 海峡导报, 0729, 01 版.

刘红艳, 李存耀, 熊飞. 2016. 入侵地和原产地太湖新银鱼群体遗传结构. 水产学报 40, 1521–1530.

刘建敏. 2002. 垂直绿化的优良花卉——牵牛花. 绿化与生活 102, 22.

刘丽红, 盛伟群, 王慧芳. 2021. 船舶压载水领域标准现状及发展分析. 船舶标准化工程师 2, 5–10.

刘文. 1998. 教材出版与著作权的限制——从全国首例教材著作权纠纷案谈起. 科技与出版 6, 44.

刘卫敏, 谢映平, 薛皎亮, ..., 赵常胜. 2015. 日本松干蚧（同翅目：松干蚧科）发育过程中形态、习性及天敌. 林业科学 51, 69–83.

卢永星. 2021. 美洲斑潜蝇的识别与防控. 湖南农业 9, 53.

罗立平, 王小艺, 杨忠岐, 赵建兴, 唐艳龙. 2018. 光肩星天牛生物防治研究进展. 生物灾害科学 4, 247–255.

罗茂文. 2008. 资源优势转化为产业优势——潜江市发展龙虾产业的启示. 学习月刊 408, 82–83.

罗茵. 2020. "生态杀手"巴西龟的入侵和扩散. 海洋与渔业 10, 21–22.

罗忠东. 2005. 红火蚁对电力设施的危害及其防治. 广东电力 18, 1–3.

吕利华, 何余容, 刘杰一, 刘晓燕. 2006. 红火蚁的入侵、扩散、生物学及其危害. 广东农业科学 5, 3–11.

马金双, 李惠茹. 2018. 中国外来入侵植物名录. 北京: 高等教育出版社.

马景红, 高承娟, 袁国强,..., 王建林. 2019. 双峰驼眼的解剖组织学. 兰州大学学报(自然科学版) 45, 45–49.

马人人. 2011. 低调小李子, 油焖大虾创始人. 大武汉 10.

马人人. 2019. 小龙虾: 从"入侵者"到全民美食. 中国国家地理 2, 114–123.

毛红彦, 赵岩, 丁华锋,..., 韩世平. 2019. 河南省重要实蝇的种群动态监测. 中国植保导刊 39, 77–83.

毛云中, 孟元华, 周磊, 朱鹏飞. 2012. 小龙虾中常见的污染物分析. 职业与健康 28, 1092–1093.

民国上海政府. 1927. 取缔野狗. 各局业务公报·卫生局(上海特别市市政公报), 120.

莫宝盈, 侯中原, 查钱慧, 张阳锋. 2021. 基于中国知网的"薇甘菊"文献计量分析. 热带林业 49, 73–79&72.

莫建斌. 2020. 薇甘菊的发生现状及防治措施. 江西农业 12, 93–94.

明成满. 2007. 中国古代的放生文化. 中国宗教 7, 35–36.

农业农村部, 自然资源部, 生态环境部, 住房和城乡建设部, 海关总署, 国家林草局. 2022. 重点管理外来入侵物种名录(2023 年 1 月 1 日起施行). 农业农村部 自然资源部 生态环境部 住房和城乡建设部 海关总署 国家林草局公告第 567 号.

潘德权, 李鹤, 李从瑞. 2017. 探讨贵州乡土观赏藤蔓植物选择. 大科技 8, 209–210.

潘佳亮, 姚翰文, 董瀛谦,..., 崔永三. 2021. 2019 年全国松材线虫病疫情分析. 中国森林病虫 40, 32–36.

平井俊明(Toshiaki Hirai). 2004. Diet composition of introduced bullfrog, Rana catesbeiana, in the Mizorogaike Pond of Kyoto, Japan. Ecological Research 19: 375–380.

钱敏. 2016. 糟心的"中国式放生". 人民周刊 23, 78–79.

钱凤伟. 2016. 小学附近放生毒蛇, 积德还是造孽? . 中国绿色时报, 0428, A3 版.

钱兴, 黄珍友, 钟俊鸿,..., 杨瑞海. 2005. 不同树种木材对截头堆砂白蚁初建群体的影响. 昆虫天敌 27, 170–177.

钱兴, 黄珍友, 钟俊鸿,..., 张瑞麟. 2005. 截头堆砂白蚁新群体的形成及发展. 昆虫天敌 27, 118–126.

钱宇阳. 2013. 小龙虾传言多不靠谱检测未见重金属超标. 农村经济与科技: 农业产业化 6, 64.

秦天宝.2021.中国履行《生物多样性公约》的过程及面临的挑战.武汉大学学报（哲学社会科学版）74, 95–107.

冉浩.2014.蚂蚁之美.北京:清华大学出版社.

冉浩.2014.土豆:一场大饥荒,改变俩国家.博物 5, 80–81.

冉浩.2019.寻蚁记.武汉:湖北科技出版社.

冉浩.2019.虫虫危机:气候变化让益虫更少、害虫更强.科学大众 7, 16–20.

冉浩.2020.动物王朝.北京:中信出版集团.

冉浩.2021.寂静的微世界.北京:中信出版集团.

冉浩,王蒙,苏鹏博,...,魏昊凯.2021.遇见动物.北京:科学普及出版社.

萨根古丽,沙拉,袁磊.2010.罗布泊野骆驼国家级自然保护区野骆驼的栖息环境及适应特征.新疆环境保护 32, 30–33.

邵华,彭少麟,张驰,向言词,南蓬.2003.薇甘菊的化感作用研究.生态学杂志 22, 62–65.

邵莉莉.2018.构建与外来物种入侵有关的国际环境保护法律监管框架研究.环境科学与管理 43, 24–28.

史海涛,龚世平,梁伟,...,汪继超.2009.控制外来物种红耳龟在中国野生环境蔓延的态势.生物学通报 44, 1–3.

宋明辉,王菲,郭家忠,...,郭同斌.2016.舞毒蛾黑瘤姬蜂等美国白蛾蛹期寄生性天敌昆虫研究进展.江苏林业科技 5, 46–52.

隋亚图.2016.豚草的危害及生物防治对策.农家科技 4, 400.

孙佩珊,姜帆,张祥林,...,李志红.2017.地中海实蝇入侵中国的风险评估.植物保护学报 44, 436–444.

孙鹏,李璟.2009.常忆"绿萝"裙处处见芳草——藤蔓植物种质资源研究现状及其垂直绿化应用展望.现代农业科学 16, 77–79.

孙胜利,唐勇,史森,刘帆.2019.德国小蠊对杀虫剂的抗药性分析.世界最新医学信息文摘 19, 237–238.

孙毅,朱昱炫.2014.1只鸟放生 20 只陪葬——爱心放生隐现血色链条.北京晚报,0912, 17 版.

孙耘芹,李梅,何凤琴,齐欣.2004.五种蜚蠊的生物学特性和综合治理.昆虫知识 41, 216–222.

陶承希.1995.骆驼对干旱的适应机制.生物学杂志 67, 17–18.

田士波,周谨.1997.防治美洲斑潜蝇药剂筛选方法的研究.河北农业科学 1, 36–37.

田帅.2017.美洲斑潜蝇发生规律与防治.吉林蔬菜 1, 25–26.

田郁.2019.藤蔓植物在城市园林垂直绿化中的应用.消费导刊 11, 16.

万方浩, 侯有明, 蒋明星. 2015. 入侵生物学. 北京: 科学出版社.

王传涛. 2015. 远离行善积德的"中国式放生". 中国林业产业 9, 13.

王丹, 周敬祝, 杨秀洁, 田珍灶, 梁文琴, 邹志霆. 2019. 毕节市两地城区德国小蠊的抗药性调查. 中华卫生杀虫药械 25, 26–27.

王公德. 1996. 果蔬的头号害虫——地中海实蝇. 生物学通报 31, 22.

王化勇, 张杰. 2013. 2011–2012 年北京市密云县部分食品中重金属污染. 职业与健康 29(19): 2497–2499.

王剑. 2015. 都乐公园频现蛇 皆因有人乱放生. 南国今报, 1014, 004 版.

王建国, 李拥军, 戴展都, 谢文琼. 2013. 薇甘菊化感物质的分离与鉴定. 河南农业科学 42, 102–105.

王江海, 孙贤贤, 徐小明, ..., 袁建平. 2015. 海洋碳封存技术: 现状、问题与未来. 地球科学进展 30, 17–24.

王金兰, 华准, 赵宝影, 唐万侠, 张树军. 2010. 圆叶牵牛化学成分研究. 中药材 33, 1571–1574.

王珏. 1985. 新疆古代有过单峰驼吗? 大自然 4, 50.

王敏, 李骅. 2010. 上海流浪猫的生存危机. 社会科学文摘 8, 39–42.

王琦, 严靖. 2021. 中国仙人掌科一新归化种——匍地仙人掌. 广西植物 4, chinaxiv:202104.00009v1.

王秋华, 李晓娜, 叶彪, ..., 李彩松. 2018. 昆明地区草本紫茎泽兰的垂直燃烧特征. 消防科学与技术 37, 1330–1332.

王绍武, 罗勇, 赵宗慈, 闻新宇, 黄建斌. 2012. 气候变暖的归因研究. 气候变化研究进展 8, 308–312.

王时悦. 2016. 船舶压载水的处理现状及进展. 科技视界 27, 462–463.

王孙. 2017. 压载水公约: 水滴终于石穿. 船舶经济贸易 7, 16–19.

王雯慧, 陈怀涛. 2000. 双峰驼肾脏的比较组织学研究. 兰州大学学报 (自然科学版) 36, 73–79.

王晓艳, 丁佳琪, 陈艳蕾, ..., 王学艳. 2020. 豚草花粉在夏秋季花粉症中的致敏特点分析. 中国耳鼻咽喉头颈外科 27, 180–183.

王在凌, 徐婧, 张润志. 2020. 中国重要检疫性实蝇的全球分布和入侵情况. 生物安全学报 29, 164–169.

王泽农. 2011. 潜江市推广"虾稻连作"生态模式. 农民日报, 0502, 002 版.

王泽泗. 1996. 教材出版也要尊重作者权益. 出版广角 2, 54.

魏子璐, 朱峻熠, 潘晨航, ..., 金水虎. 2021. 宁波市外来入侵植物及其入侵风险评估. 浙江农林大学学报 38, 552–559.

文锋. 2018. "外婆"与"姥姥"之争. 广西教育 8, 28–29.

文榕生. 2008. 历史时期中国的野生单峰驼考证. 化石 2, 9–12.

吴婧. 2020. 吃小龙虾居然吃成了"瘫子". 健康博览 7, 30.

吴坤杰, 彭新亮, 潘开宇, ..., 魏廷. 2014. 沈绍营信阳市不同来源小龙虾中的重金属水平评价. 湖北农业科学 53, 3904–3906.

吴昱果, 刘志鹏, 刘芳. 2020. 菟丝子和寄主互作的生物学研究进展. 中国草地学报 42, 169–178.

湘泓. 2013. 太湖新银鱼和云南土著鱼. 百科知识 11, 37.

晓枫. 1946. 美国人的枯草热（上）. 浙江卫生 2, 48.

晓枫. 1946. 美国人的枯草热（下）. 浙江卫生 3, 64.

新华社. 2014. 英国一男子因害怕名为日本虎杖的杂草"入侵"，先杀死妻子然后自杀. 洛阳晚报, 0402, B09 版.

新华社. 2015. 日本虎杖"入侵"英伦三岛英政府苦斗百年"终举白旗". 阳光报, 0729, 14 版.

徐高峰, 张付斗, 李天林, 张云, 张玉华. 2009. 薇甘菊化感自毒作用及其生态学意义. 华北农学报 24, 220–224.

许益镌, 冉浩, 邢立达, 刘彦鸣, 王磊. 2016. 红色小恶魔（红火蚁入侵: 3D）. 北京: 航空工业出版社.

闫想想, 王秋华, 张文文, ..., 任俊桥. 2021. 紫茎泽兰的燃烧火行为特征. 东北林业大学学报 49, 125–131.

闫志利, 韩立萍, 赵成民, 孙瑞芳. 2001. 河北省美国白蛾生物学特性及发生规律的研究. 河北农业科学 5, 30–38.

杨蓓芬, 杜乐山, 李钧敏. 2015. 南方菟丝子寄生对加拿大一枝黄花生长、繁殖及防御的影响. 应用生态学报 26, 3309–3314.

杨博, 央金卓嘎, 潘晓云, 徐海根, 李博. 2010. 中国外来陆生草本植物: 多样性和生态学特性. 生物多样性 18, 660–666.

央金卓嘎. 2012. 藏族文化植物格桑梅朵. 西藏科技 237, 73–76.

杨娟, 陈晓敏, 过晓阳. 2015. 小龙虾对重金属的富集作用及其健康风险研究进展, 首都公共卫生 9, 32–34.

杨娟, 王守林, 刘林飞, 陈晓敏. 2014. 苏北某地区小龙虾重金属含量与养殖水体的相关性分析. 职业与健康 30, 2896–2898.

杨丽娟, 李法曾. 2008. 牵牛复合体（旋花科）的分类学研究. 武汉植物学研究 26, 589–594.

羊女. 2013. 流浪猫伤人，责任在谁？. 大科技 · 百科新说 6, 42–43.

杨钤, 谢映平, 樊金华, ..., 张英伟. 2013. 日本松干蚧 3 个地理种群的遗传分化. 林业科学 49, 88–96.

杨青, 杨干荣, 乐佩琦. 1966. 云南星云湖、杞麓湖大头鲤的生物学. 水产学报 3, 150–155.

杨仕官. 2007. 荆楚流行佳肴——油焖大虾. 四川烹饪 10, 77.

杨万书, 姚创程. 2018. 薇甘菊综合防治技术及实施要点. 南方农业 12, 45–46.

杨忠岐. 1989. 中国寄生于美国白蛾的啮小蜂一新属一新种（膜翅目，姬小蜂科，啮小蜂亚科）. 昆虫分类学报 11，117–123.

叶喜阳. 2013. 乡土植物之藤蔓植物. 园林 12. 58–59.

尹英超, 王勤英. 2014. 警惕北方果园新害虫——桔小实蝇. 河北农业 11, 48–49.

应沛艳. 2016. 生态风险与单行道——元阳县箐口村生态入侵"小龙虾"事件的人类学考察. 原生态民族文化学刊 8, 21–26.

余文荣, 罗永新, 罗恒明, ..., 张友存. 1996. 云南高原湖泊太湖新银鱼的繁殖. 水利渔业 6, 9–11.

泽桑梓, 王海帆, 季梅, 谢世. 2017. 薇甘菊颈盲蝽基础生物学特性. 江苏农业科学 45, 64–69.

曾玲, 陆永跃, 何晓芳, ..., 梁广文. 2005. 入侵中国大陆的红火蚁的鉴定及发生危害调查. 昆虫知识，42, 144–148.

张大羽, 唐振华, 程家安. 2000. 德国小蠊的抗药性的研究进展. 走向 21 世纪的中国昆虫学——中国昆虫学会 2000 年学术年会论文集，945–948.

张凡. 德国小蠊抗药性机理. 生命的化学 31, 747–750.

张付斗, 岳英庐, 申时才, ..., 张玉华. 2017. 莬丝子属植物在云南对薇甘菊的控制效果及其安全性调查评价. 生态环境学报 26, 365–370.

张捷. 2020. 杞麓湖放流 20 万尾土著鱼. 昆明日报, 0729. T01 版.

张茂新, 凌冰, 孔垂华, 庞雄飞, 梁广文. 2003. 薇甘菊挥发油的化学成分及其对昆虫的生物活性. 应用生态学报 14, 93–96.

张明华. 2010. 放生不如护生. 佛教文化 4, 21–22.

张清源, 林振基, 陈华忠. 2001. 福建省双翅目潜蝇科昆虫的初步探究. 华东昆虫学报 10, 11–19.

张四春, 蒋万良, 夏黎亮, ..., 彭军. 2013. 大头鲤人工繁养殖技术. 水产科技情报 40, 135–138.

张伟, 理永霞, 刘振凯, ..., 张星耀. 2020. 松材线虫扩散型四龄幼虫向成虫转型发育阶段研究. 中国森林病虫 39, 1–6.

张晓, 王永明, 王东, 辛正. 2016. 德国小蠊对美洲大蠊取食过的饵料摄食行为研究. 中国媒介生物学及控制杂志 27, 570–572.

张小利, 丁建云, 崔建臣, …, 潘洪吉. 2020. 豚草花粉监测与花粉过敏的研究进展. 植物检疫 34, 47–52.

张学利. 2020. 美洲斑潜蝇的发生特点及防治. 现代农业 1, 50.

张筱悦. 2020. 未知是恐慌的源头. 生命时报. 0320, 18 版.

张宇凡, 王小艺. 2019. 星天牛生物防治研究进展. 中国生物防治学报 1, 134–145.

张羽穆, 蓝昭军, 罗培骁, 王登峰, 叶敬松. 2020. 湖北潜江小龙虾产业情况分析. 科学养鱼 11, 1–3.

章玉苹, 李敦松. 2007. 桔小实蝇生物防治研究进展. 昆虫天敌 29, 173–180.

章玉苹, 李敦松, 张宝鑫, …, 钟娟. 2009. 橘小实蝇本地寄生蜂长尾全裂茧蜂的寄生效能研究. 粮食安全与植保科技创新会议.

赵刚. 2007. 带流浪猫回家? 你真的准备好了吗. 宠物世界 1, 50–51.

赵光明, 王川. 2018. 连云港海关全国首次截获小火蚁. 江苏经济报, 0516. A01 版.

赵晓平, 张文彬, 荣威恒. 2008. 双峰驼适应荒漠草原的特性. 畜牧与饲料科学 2, 62–64.

周安荣. 2017. 兜售巴西龟被叫停. 民族时报, 0629, 2 版.

中国道教协会. 2014. 中国道教协会关于"慈悲护生、合理放生"的倡议书. 中国宗教 8, 21.

中国佛教协会. 2014. 中国佛教协会关于"慈悲护生、合理放生"的倡议书. 中国宗教 8, 20.

中新社. 中科院: 外来物种入侵已致星云湖纯种大头鲤灭绝. 科技与生活 4, 26.

朱雁飞, 商明清, 滕子文, …, 周洪旭. 2020. 桔小实蝇的入侵分布及传播扩散趋势分析. 山东农业科学 52, 141–149.

株洲日报. 2018. 成批巴西龟被放入湘江. 株洲日报, 0509, B1 版.

庄继德, 裘熙定, 王志浩, 徐佩君, 骆建聪. 1991. 骆驼越沙机理初步分析. 农业工程学报 7, 24–28.

邹思全. 2015. 阻止放生. 钓鱼 3, 14–15.

祖元刚, 张衷华, 杨逢建, 王文杰, 陈华峰. 2006. 入侵植物薇甘菊种群年龄的解剖学特征. 东北林业大学学报 34, 37–38&40.